温棚瓜菜集约化模式栽培与实用技术

高丁石　等 主编

中国农业科学技术出版社

图书在版编目（CIP）数据

温棚瓜菜集约化模式栽培与实用技术 / 高丁石等主编．—北京：中国农业科学技术出版社，2013.6

ISBN 978-7-5116-1237-3

Ⅰ.①温… Ⅱ.①高… Ⅲ.①瓜类蔬菜-温室栽培 Ⅳ.①S627.5

中国版本图书馆 CIP 数据核字（2013）第 047500 号

责任编辑 徐 毅 张志花

责任校对 贾晓红

出 版 者 中国农业科学技术出版社

北京市中关村南大街 12 号 邮编：100081

电　　话 (010)82106631(编辑室) (010)82109702(发行部)

(010)82109709(读者服务部)

传　　真 (010)82106631

网　　址 http://www.castp.cn

经 销 者 各地新华书店

印 刷 者 北京富泰印刷有限责任公司

开　　本 850mm×1 168mm 1/32

印　　张 6.875

字　　数 170 千字

版　　次 2013 年 6 月第 1 版 2014 年 6 月第 2 次印刷

定　　价 20.00 元

《温棚瓜菜集约化模式栽培与实用技术》

编 委 会

主　　编　高丁石　易　卿　陈永勤　费玉杰
郑　磊　谢仙朋　冯　莉　田宏敏

副 主 编　（按姓氏笔画为序）
马巧丽　王　婷　冯太平　冯晓鸽
朱　琳　刘朝阳　李玉娟　李秀丽
李泽义　李艳珍　陈　君　孟凡玉
屈　波　曹鸿玉　谢志宇

编写人员　（按姓氏笔画为序）
于　苗　马巧丽　马昆鹏　王　婷
冯　莉　冯太平　冯晓鸽　田宏敏
朱　琳　刘朝阳　李玉娟　李秀丽
李泽义　李艳珍　余亚飞　张　莉
张永刚　陈　君　陈永勤　周　杨
郑　磊　易　卿　孟凡玉　孟庆盛
赵　雪　屈　波　费玉杰　曹鸿玉
崔利霞　高丁石　谢仙朋　谢志宇
薛文静　潘　娜

前 言

保护地栽培是种植业的一个重要增效方式，它采用日光温室、塑料大棚、拱棚、地膜覆盖等多种形式的设施栽培措施，创造适宜的作物生长环境，实行提前与延后播种或延长作物生长期，进行反季节、超时令的生产，达到高产优质高效的目的。

我国用温室进行瓜菜生产已有2 000多年的历史，当时人们已能利用纸做覆盖物，做成纸窗温室进行蔬菜生产；到了18世纪，在法国出现了玻璃做屋顶的玻璃温室；近代，随着塑料工业的发展，塑料产品逐渐代替了玻璃，成为保护地设施栽培的主要原料，世界各国也从20世纪60年代中期开始，迅速发展温棚设施农业生产；进入21世纪随着人们生活水平的提高，对反季节农产品需求量不断增加，加上科学技术与保护地栽培材料不断创新发展，保护地栽培也不断升温加速发展。目前，设施农业已成为现代农业的显著标志，也是现代农业建设的重要部分，促进设施农业发展是实现农业现代化的重要任务。设施农业的快速发展，为有效保障我国蔬菜、肉蛋奶等农产品季节性均衡供应，改善城乡居民生活发挥了十分重要的作用。但是，我国设施农业的整体发展水平不高，机械化、自动化、智能化和标准化程度较低；科技创新能力较弱，生物技术、工程技术和信息技术的集成运用不够；资金投入不足，基础设施、机械装备和生产条件不配套；支持措施不尽完善，发展的规模、质量和效益还有待于进一步提高。

为进一步规范温棚瓜菜生产，提高生产技术水平和效益，结合近年来实践经验，我们组织编写了该书，旨在为温棚瓜菜生产稳步发展尽些微薄之力。本书的编写坚持基本理论和生产实践相结合的原则，在分析温棚瓜菜生产意义与作用以及存在问题的基础上，对温棚的建造技术和温室、大棚、小拱棚瓜菜集约化栽培模式以及实用技术进行了阐述，并对温棚建造和瓜菜生产中容易出现的问题以及病虫害综合防治技术进行了介绍。本书内容通俗易懂，模式技术来源于生产实践经验，技术具体、实用，生产操作性较强，适宜于广大农民和基层农业科技人员阅读。

由于编写者水平所限，时间仓促，书中难免有不当之处，敬请广大阅读者批评指正。

编　者

2013 年 5 月

目 录

第一章 温棚瓜菜生产的作用、意义与建议

第一节 温棚瓜菜生产的作用与意义

瓜菜产业是我国仅次于粮食业的大产业，瓜菜生产在我国农业生产中占有重要的地位，它是现代农业的重要组成部分，也是劳动密集型产业。瓜菜产业的不断发展，对保障市场供给、增加农民收入、扩大劳动就业、拓展出口贸易等方面具有显著的积极作用；是实现农民增收、农业增效、农村富裕的重要途径。

传统的瓜菜生产同其他农作物生产一样，受外界气候和季节的严格限制。由于多种瓜菜质地柔嫩、含水量大，不耐贮藏，加上人们鲜食的习惯，所以，食用时间受到生产供应的强烈制约，这种制约在冬天寒冷季节的表现更为突出。随着我国经济的迅速发展，人民生活水平的不断提高，城市规模的不断扩大，特别是城市人口的迅速增加，对日常生活必需品——蔬菜的质和量也提出了更高的要求，品种趋于多样化，要求能做到四季供应，淡季不淡。瓜菜是人们生活中不可缺少的副食品，人们要求周年不断供应新鲜、多样的瓜菜产品，仅靠露地栽培是很难达到目的的。虽然冬季露地能生产一些耐寒蔬菜，但种类单调，且若遇冬季寒潮或夏秋暴雨、连绵阴雨等灾害性天气，则早春育苗和秋冬蔬菜生产都可能会受到较大的损失，影响蔬菜的供应。所以借助一定的设施进行瓜菜生产，可促进早熟、丰产和延长供应期，满足消费者一年四季吃上新鲜蔬菜的要求。设施瓜菜也称为反季节瓜菜、保护地瓜菜，是在不适宜瓜菜生长发育的寒冷或炎热的季

节，播种改良品种或利用专门的保温防寒或降温防热设备，人为地创造适宜瓜菜生长发育的小气候条件进行生产。常见的设施栽培类型主要有风障、阳畦、地膜覆盖、塑料小棚、塑料中棚、塑料大棚、日光温室等。其中，温棚瓜菜生产就是其中的一种，它是随着社会发展和技术进步由初级到高级、由简单到复杂逐渐发展起来的，形成了现有的各种各样的温室和大棚，并且达到了温、光、水、肥、气等各种生态因子全部都能调节的现代温室的程度。温棚瓜菜生产是人类征服自然、扩大蔬菜生产、实现周年供应的一种有效途径，是发展高效农业、振兴农村经济的组成部分，是现代农业的标志之一。温棚瓜菜可以在冬季、春提前、秋延后等季节进行生产，可提早和延迟蔬菜的供应期，以获得多样化的蔬菜产品，对调节蔬菜周年均衡供应，满足人们的需要起重要作用。

一是利用温室和大棚栽培可于秋、冬、春季提早育苗，提早定植，提早上市，供应新鲜的蔬菜产品，丰富人们的餐桌，使人们有更多的选择；使瓜菜的淡季得到逐步改善，对丰富人民的生活起到了积极的作用。

二是温棚瓜菜的开发，能加速瓜菜生产的发展步伐，使瓜菜品种日益增多，高产高效，种菜的经济效益成倍增长。

三是利用反季节栽培可以增加菜农的收入，解决农民就业。高投入和高产出的生产方式，也带动了其他产业的快速发展。

四是能够减少蔬菜的运输费用，节约大量的资金。

五是提高土地的利用率和产出率，这在我国耕地日益减少的情况下尤为重要。

六是设施农业是现代化农业发展的标志。

总之，采用地膜覆盖，日光温室，塑料大棚、拱棚等多种形式的保护地设施栽培措施，创造适宜的作物生长环境，实行提前与延后播种或延长作物生长期，进行反季节、超时令的生产，达到了高产优质高效的目的。同时，设施农业在增加农民收入，提高人民生活水平，丰富城乡居民菜篮子方面也发挥了积极的作用。

第二节　发展温棚瓜菜生产的建议

设施农业是综合应用工程装备技术、生物技术和环境技术，按照动植物生长发育所要求的最佳环境，进行动植物生产的现代农业生产方式。设施农业是现代农业的显著标志，也是现代农业建设的重要部分，促进设施农业发展是实现农业现代化的重要任务。设施农业的快速发展，在有效保障我国蔬菜、肉蛋奶等农产品季节性均衡供应，改善城乡居民生活中发挥了十分重要的作用。但是，我国设施农业的整体发展水平不高，机械化、自动化、智能化和标准化程度较低；科技创新能力较弱，生物技术、工程技术和信息技术的集成运用不够；资金投入不足，基础设施、机械装备和生产条件不配套；支持措施不尽完善，发展的规模、质量和效益还有待于进一步提高。为进一步推进设施农业持续健康发展，现提出如下建议：

一、深刻认识发展设施农业的重要意义

设施农业技术密集，集约化和商品化程度高，发展设施农业，可有效提高土地产出率、资源利用率和劳动生产率，提高农业素质、效益和竞争力。设施农业既是当前农业农村经济发展新阶段的客观要求，也是克服资源和市场制约、应对国际竞争的现实选择，对于保障农产品有效供给，促进农业发展、农民增收，增强农业综合生产能力具有十分重要的意义。

（一）*发展设施农业是转变农业发展方式、建设现代农业的重要内容*

发展现代农业的过程，就是不断转变农业发展方式、促进农业水利化、机械化、信息化，实现农业生产又好又快发展的过程。设施农业通过工程技术、生物技术和信息技术的综合应用，按照动植物生长的要求控制最佳生产环境，具有高产、优质、高效、安全、周年生产的特点，实现了集约化、商品化、产业化，具有现代农业的典型特征，是技术高度密集的高科技现代农业产业。发展设施农业可以加快传统农业向现代化农业转变。

（二）发展设施农业是调整农业结构、实现农民持续增收的有效途径

设施农业充分利用自然环境和生物潜能，在大幅提高单产的情况下保证质量和供应的稳定性，具有较高的市场竞争力和抵御市场风险的能力，是种植业和养殖业中效益最高的产业，也是当前广大农民增收的主要渠道之一。设施农业产业不仅是城镇居民的“菜篮子”，也是农民的“钱袋子”。促进设施农业发展，有利于优化农业产业结构、促进农民持续增收。

（三）发展设施农业是建设资源节约型、环境友好型农业的重要手段

资源短缺和生产环境恶化是我国农业发展必须克服的问题，发展设施农业可减少耕地使用面积，降低水资源、化学药剂的使用量和单位产出的能源消耗量，显著提高农业生产资料的使用效率。设施农业技术与装备的综合利用，可以保证生产过程的循环化和生态化，实现农业生产的环境友好和资源节约，促进生态文明建设。

（四）发展设施农业是增加农产品有效供给、保障食物安全的有力措施

优质园艺产品和畜禽产品的供应与消费，是衡量城乡居民生活质量水平的重要标志，也是农业基础地位和战略意义的具体体现。设施农业可以通过调控生产环境，提高农产品产量和质量，保证农产品的鲜活度和周年持续供应。发展设施农业有利于保障

食物安全，不断改善民生，促进社会和谐稳定。

二、明确发展设施农业的指导思想和目标任务

我国设施农业产业经过引进、消化、吸收和自我创新，形成了内容较为完整、具备相当规模的主体产业群，已经进入全面提升的发展阶段。发展设施农业是科学发展观在农业农村工作中的具体运用和落实，也是我国农业机械化由初级发展阶段进入中级发展阶段的新要求。扩大设施农业发展规模、改善设施农业基础条件、提高设施农业生产效益和产品市场竞争能力，是当前和今后一段时间的发展方向。

（一）指导思想

深入贯彻落实科学发展观，以设施园艺和设施养殖技术创新为重点，加大政策扶持力度，创新发展机制。通过优化设施结构，完善配套技术，强化生产标准，提高设施装备，充分挖掘设施农业生产潜能，实现速度、质量、结构和效益的协调发展，提升设施农业发展水平，进一步强化农业基础地位，促进农业稳定发展和农民持续增收。

（二）目标任务

当前和今后一个时期，要多渠道增加设施农业投入，不断加强设施农业基础设施、机械装备和生产条件的相互适应与配套；加快科技创新和科技成果普及推广，推进生物技术、工程技术和信息技术在设施农业中的集成应用；努力拓展设施农业生产领域，深入挖掘设施农业的生产潜能；切实提高设施农业管理水平，大力提升设施农业发展的规模、质量和生产效益。努力实现我国设施农业生产种类丰富齐全、生产手段加强改善、生产过程标准规范、生产产品均衡供应的总体目标，探索出一条具有中国特色的高产、优质、高效、生态、安全的设施农业发展道路。

三、坚持发展设施农业的基本原则

我国人口众多，土地、淡水和能源等资源严重短缺，发展设

施农业要从我国国情出发，着力优化结构、提高效益、降低消耗、保护环境。

（一）坚持优化布局、发挥优势

要发挥区域品种和产业优势，着力优化区域布局。选择基础条件较好的区域，统筹育种、栽培、装备、管理等多方面的力量，发挥本地资源优势，充分挖掘设施农业生产潜能，促进设施农业快速发展。

（二）坚持因地制宜、注重实效

要根据地区气候、资源、生产方式、种养殖传统等特点，有重点地选择设施农业的发展方向。同时坚持效益优先，着力提高种养殖综合生产能力以及经济、社会和生态效益。

（三）坚持改革创新、建立机制

始终以实现设施农业又好又快发展为目标，通过技术创新、管理创新和机制创新来解决发展中的问题，并将行之有效的创新成果加快推广应用，促进技术提升，努力探索建立促进发展的长效机制。

（四）坚持市场引导、政府扶持

坚持市场引导与政府扶持相结合，要以解决农民就业、促进农民增收为核心，着力提高农民科学生产素质，提高种养殖科技含量，提高产品竞争力，提高生产过程的机械化、自动化和生态化水平。

四、落实完善促进设施农业发展的政策措施

在我国发展设施农业，要按照加强农业基础地位，走中国特色农业现代化道路，建立以工促农、以城带乡长效机制，形成城乡经济社会发展一体化新格局的要求，认真落实中央一系列强农惠农政策措施，促进设施农业又好又快发展。

（一）落实扶持政策

要认真落实中央一系列强农惠农政策，扶持鼓励设施农业发展。将重点设施农业装备纳入购机补贴范围，加大对农民和农民合作组织发展设施农业的扶持力度。要与有关部门协调，加大对设施农业财政、税费、信贷和保险政策的支持，同时，加大基础设施建设投入，对灾区受毁设施的恢复重建给予扶持，不断提高农民发展设施农业和抵御自然灾害的能力。

（二）积极推动科技创新

加大科技创新投入力度，支持设施农业共性关键技术装备研发。加强宽领域、深层次的协作，积极探索设施农业科技创新体系建设。加快科技成果转化应用，提高产业的整体技术水平，实现产业不断升级。

（三）完善标准体系建设

加强设施农业标准建设，建立和完善设施农业标准化技术体系。重点加强设施农业建设、生产和运行管理标准的制定和修订工作，切实提高我国设施农业的标准化水平。

（四）努力做好技术培训

要整合资源，争取支持，加强设施农业技术培训，提高从业人员素质，把发展设施农业转到依靠科技进步和提高劳动者素质的轨道上来。

五、切实加强对设施农业发展工作的组织领导

发展设施农业是发展现代农业，推进社会主义新农村建设的重要内容，是全面建设小康社会的必然要求。各地要切实加强组织领导，增强责任感和使命感，采取有效措施，加快推进设施农业的发展。

（一）把发展设施农业摆到重要位置

各地要把发展设施农业摆上重要工作日程，建立合理的运行机制和严格的责任制度，加强技术指导和调查研究，不断解决设施农业发展中的各种矛盾和问题，推动设施农业工作有序有效开展。

（二）科学制定发展规划

各地要结合本地区实际，科学制定设施农业发展规划，明确指导思想、目标任务、工作重点、具体措施和保障机制。要注重规划的科学性和可行性，把制定规划与争取各方支持有机结合起来。

（三）依法促进设施农业发展

要深入贯彻实施农业法、畜牧法、农业机械化促进法和科技进步法等法律法规，加大普法力度，提高生产经营者的法律意识，营造良好环境氛围，落实支持设施农业发展的各项措施，依法促进设施农业发展。

（四）加强多部门协调配合

设施农业的发展需要多部门加强配合、形成合力。坚持农机与农艺结合，在加强设施装备建设的同时，大力推广农艺技术和健康养殖技术。各级农业、农机、畜牧和农垦部门要密切配合、通力合作，发挥各自优势和作用，共同促进设施农业持续健康发展。

第二章　温棚的建造技术

第一节　日光温室的建造技术

温室又称为暖房，是一种以玻璃或塑料薄膜等材料作为屋面，用土、砖做成围墙，或者全部以透光材料作为屋面和围墙的房屋，具有充分采光、防寒保温能力。温室内可设置一些加热、降温、补光、遮光设备，使其具有较灵活的调节控制室内光照、空气和土壤的温湿度、二氧化碳浓度等蔬菜作物生长所需环境条件的能力，成为当今主要的瓜菜保护地设施栽培方式之一。

日光温室是一种在室内不加热的温室，即使在最寒冷的季节，也只依靠太阳光来维持室内一定的温度水平，以满足蔬菜作物生长的需要。由于塑料工业的发展，加之玻璃易破损，投资大，农村日光温室大多以塑膜为屋面材料。特别是我国北方在土温室基础上兴起的塑料日光温室，具有明显的高效、节能、低成本的特点，深受菜农及消费者的欢迎，是发展高产、优质、高效农业的有效措施之一，并得到了较快的发展。

一、日光温室的类型

日光温室通常坐北朝南，东西延长，东、西、北三面筑墙，设有不透明的后屋面，前屋面用塑料薄膜覆盖，作为采光屋面。

日光温室的结构各地不尽相同，分类方法也比较多。按前屋面构型，基本分为一斜一立式和半拱式等；按后屋面长度分，有长后坡温室和短后坡温室；按结构分，有竹木结构、钢木结构、钢筋混凝土结构、全钢结构、全钢筋混凝土结构、悬索结构等。另外，温室还有单栋温室、双栋温室和多栋温室，其中包括 PC

板温室、玻璃温室等类型。决定温室性能的关键在于采光和保温，至于采用什么建材主要由经济条件和生产效益决定，生产中比较常用的日光温室一般是带有后墙及后坡的半拱式，这种温室既能充分利用太阳能，又具有较强的棚膜抗摔打能力。因此，温室结构设计及建造以半拱式为好。

（一）按前屋面构型分类：一斜一立式和半拱式

1. 一斜一立式温室

一斜一立式温室是由一斜一立式玻璃温室演变而来的。20世纪70年代以来，由于玻璃的短缺，塑料工业的兴起，塑膜代替玻璃覆盖。一斜一立式日光温室最初在辽宁省瓦房店市发展起来，现在已辐射到山东、河北、河南等地区。

如图2-1所示，温室跨度7米左右，脊高3~3.2米，前立窗高80~90厘米，后墙高2.1~2.3米。后屋面水平投影1.2~1.3米。前屋面采光角达到23°左右。

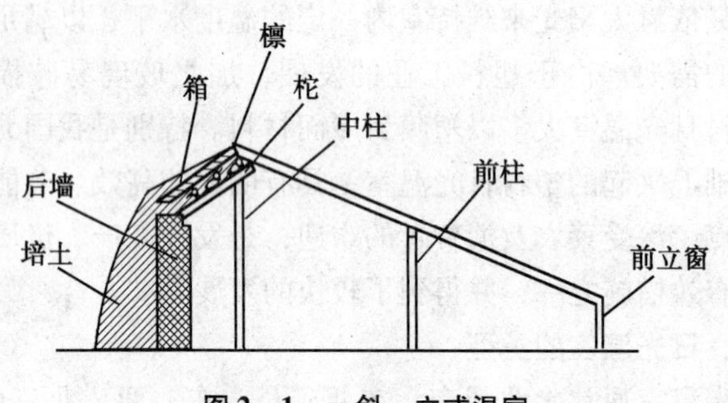

图2-1　一斜一立式温室

一斜一立式温室多数为竹结构，前屋面每3米设一横梁，由立柱支撑。

这种温室空间较大，弱光带较小，在北纬40°以南地区应用效果较好。但前屋面压膜线压不紧，只能用竹竿或木杆压膜，既增加造价又遮光。

20 世纪 80 年代中期以来，辽宁省瓦房市改进了温室屋面的结构，创造了琴弦式日光温室。前屋面每店 3 米设一桁架，桁架用木杆或用 63.5 厘米钢管、用直径为 14 毫米钢筋作下弦，用直径 10 毫米钢筋作拉花。在桁架上按 30 ~ 40 厘米间距，东西拉 8 号铁线，铁线东西两端固定在山墙外基部，以提高前屋面强度，铁线上拱架间每隔 75 厘米固定一道细竹竿，上面覆盖薄膜，膜上再压细竹竿，与膜下细竹竿用细铁丝捆绑在一起。盖双层草苫。跨度 7.0 ~ 7.1 米，高 2.8 ~ 3.1 米，后墙高 1.8 ~ 2.3 米，用土或石头垒墙加培土制成，经济条件好的地区以砖砌墙。近年来温室垒墙又出现了用使用过的编织袋装土块速垒墙的作法。

琴弦式温室如图 2 – 2 所示。

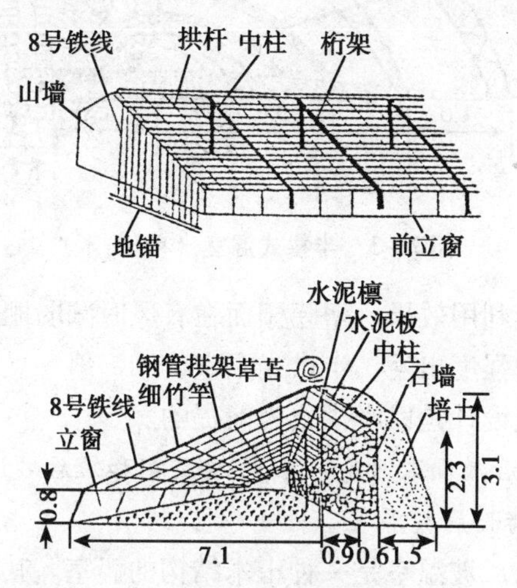

图 2 – 2　琴弦式日光温室（单位:米）

近两年来一斜一立式或琴弦式温室又发展成前屋面向上拱起，以便更好地压膜和减轻棚膜的摔打现象。

2. 半拱式温室

半拱式温室是从一面坡温室和北京改良温室演变而来。20

世纪70年代木材和玻璃短缺，前屋面改松木棱为竹竿、竹片作拱杆，以塑料薄膜代替玻璃。屋面构型改一面坡和两折式为半拱型。温室跨度多为6～6.5米，脊高2.5～2.8米，后屋面水平投影1.3～1.4米。这种温室在北纬40°以上地区最普遍，如图2－3所示。

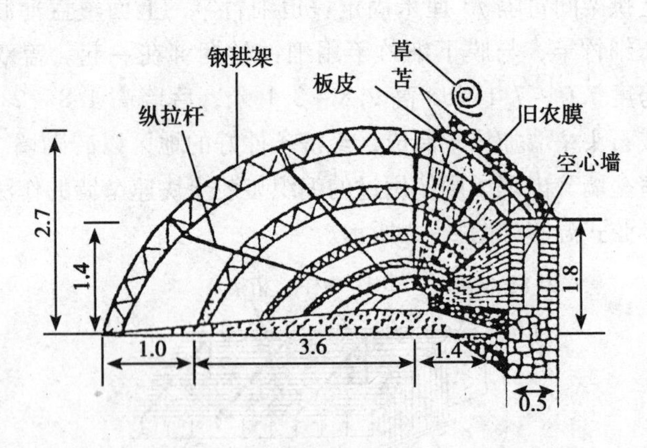

图2－3　半拱式温室（单位：米）

从太阳能利用效果、塑膜棚面在有风时减弱棚膜摔打现象和抗风雪载荷的强度出发，半拱式温室优于一斜一立式温室。故优化的日光温室设计是以半拱式为前提的。

（二）按后屋面长度分：长后坡温室和短后坡温室

1. 矮后墙长后坡温室

矮后墙长后坡温室是一种土木结构的温室。其特点是：后坡长、后墙矮、前室面为圆弧型。优点是：取材方便、造价低、保温性能好。缺点是：中柱后弱光带大，土地利用率低，作业不方便。如图2－4所示。

2. 高后墙矮后坡温室

高后墙矮后坡竹木结构日光温室是在长后坡温室类型的基础

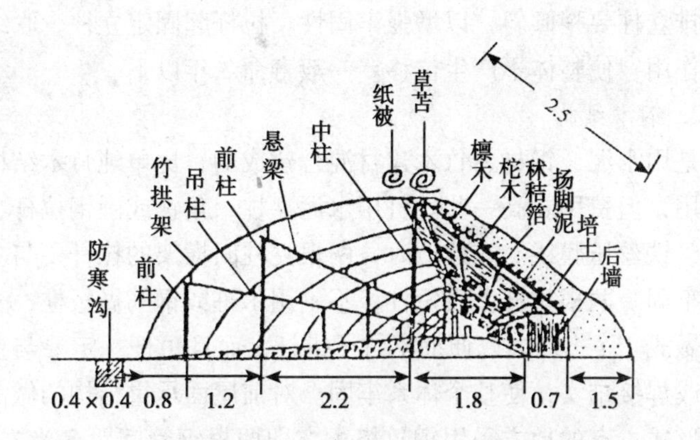

图 2－4　矮后墙长后坡竹木结构日光温室（单位:米）

上改进的，其特点是：后坡短、后墙高、中脊也高，跨度大，屋面为圆弧型，光照好，弱光区小，利用率高，作业方便。缺点是：保温性比长后坡稍差。如图 2－5 所示。

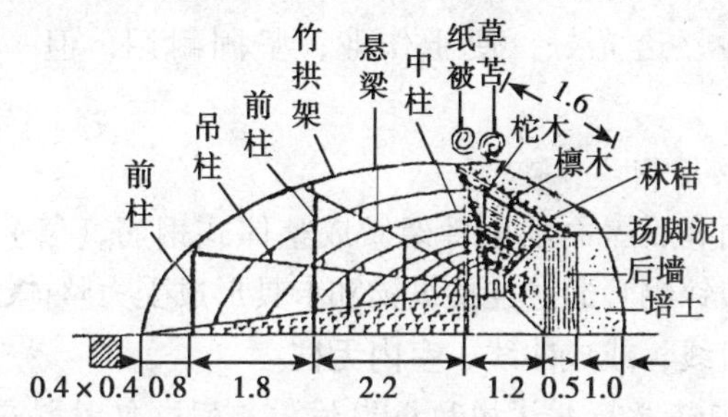

图 2－5 高后墙矮后坡竹木结构日光温室（单位:米）

（三）按结构分：竹木结构、钢木结构、钢筋混凝土结构、全钢结构、全钢筋混凝土结构、悬索结构，热镀锌钢管装配结构

1. 竹木结构

透光前屋面用竹片或竹竿作受力骨架，间距 60～80 厘米，用竹木作立柱起支撑拱杆和固定作用，横向立柱数依横跨宽度而定，长度不等，宽度可掌握在 10～15 米，设5～7 排立柱。最外

边两排立柱要稍倾斜，以增强牢固性。拉杆起固定立柱、联结整体的作用，使整体不产生位移。一般寿命3年以下。

2. 钢木结构

是用水泥、钢材、竹木建材混合建成的，比单纯竹木结构牢固耐用，但费用要高一些。可用水泥立柱、角铁或圆钢拉杆、竹拱杆、铁丝压膜线。在建造时，两根立柱间横架的拉杆要与立柱联结牢固。两根拉杆上设短柱，不论用木桩或钢筋做短柱，上端都要做成“Y”形，以便捆牢竹子拱杆，而且短杆一定要与拉杆捆绑或焊接结实，使整个体系牢固。对前屋面承重结构的做法有多种形式，有的地方采用钢竹搭配，即两根钢管间距3米左右，中间加设3道竹竿骨架。

3. 钢筋混凝土结构

透明前屋面用钢筋桁架，用一根钢筋混凝土弯柱承载后屋面荷载，后屋面钢筋混凝土骨架承重段成直线，室内不设立柱。因此，遮阴少，透光好，便于作业，坚固耐用，但一次性投资较大。

4. 全钢结构

前屋面和后屋面承重骨架做成整体式钢筋（管）桁架结构或用热浸镀锌钢管通过连接纵梁和卡具形成受力整体，后屋面承重段或成直线，或成曲线，室内无柱。

5. 全钢筋混凝土结构和全钢结构相同，仅材料变成钢筋混凝土

6. 悬索结构又称琴悬式结构

前屋面受力骨架有钢筋桁架、钢筋混凝土、多柱竹片等结构，但在骨架表面垂直方向上设钢丝拉索，构成空间悬索结构。

二、日光温室的结构参数

日光温室主要作为冬、春季生产应用，建一次要使用少则3~5年，多则8~10年，所以在规划、设计、建造时，都要在

可靠、牢固的基础上实施，达到一定的技术要求。日光温室由后墙、后坡、前屋面和两山墙组成，各部位的长宽、大小厚薄和用材就决定了它的采光和保温性能，根据近年来的生产实践，温室的总体要求为采光好、保温性能好、建造成本低、容易操作、效益高等。其合理的建造结构参数概括为“五度、四比、三材”。

（一）五度

“五度”是指角度、高度、跨度、长度、厚度。

1. 角度

主要是指屋面角、后屋面仰角和方位角。屋面角决定了温室采光性能，要使冬春阳光能最大限度地进入棚内。在河南地区平均屋面角度要达到25°以上。后屋面仰角是指后坡内侧与地平面的夹角，要达到35°~40°，这个角度加大是要求冬春季节阳光能直射后墙，使后墙受热后贮热，以便晚间向温室内散热。如果角度偏小，阳光不能直射后墙，从而影响后墙贮热、放热和棚内升温。方位角系指温室的方向定位，要求温室坐北朝南、东西方向排列，向东或向西偏斜角度不应大于7°。

2. 高度

包括矢高和厚墙高度。矢高是指脊顶最高处到温室内侧地面的垂直距离，一般要达到3米左右。由于矢高与跨度有一定的关系，在跨度确定的情况下，高度增加，屋面角度也增加，从而提高了采光效果。6米跨度的温室冬季生产，矢高以2.5~2.8米为宜；7米跨度的温室，矢高以2.9~3.1米为宜。后墙的高度为保证作业方便，以1.8~2米为宜，过低影响作业，过高后坡缩短，保温效果下降。

3. 跨度

是指温室后墙内侧到前屋面南底脚的距离，一般以7~10米为宜。这样的跨度配之一定的屋脊高度，既可保证前屋面有较大的采光角度，又可使作物有较大的生长空间，便于覆盖保温，也便于选择建筑材料。如果跨度增加，虽然栽培空间加大了，但屋面角度变小，就会导致采光不好，且冬季积雪不易扫除。并且前屋面加大，不利于覆盖保温，保温效果差。所以跨度增加，温室矢高也要增加，这样就会增加投资。

4. 长度

是指温室东西山墙间的距离，一般长 80 ~ 120 米，也就是一栋温室净栽培面积达 1 ~ 2 亩（1 亩≈667 平方米，下同）即可。如果太短，不仅单位面积造价提高，而且东西两山墙遮阳比例增大，影响产量；温室过长往往温度不易控制一致，并且每天揭盖草苫占时较长，不能保证室内有较长的日照时数。另外，温室过长也不利于瓜菜的采摘与外运。在连阴天过后，也不易迅速回苫，所以温室长度 100 米左右较适宜。

5. 厚度

主要是指后墙、后坡和草苫的厚度。厚度的大小主要决定保温性能，后墙和后坡是日光温室强大的蓄热体，白天是热量的蓄存库，夜间又是热能的释放源。所以后墙和后坡的厚度对室内温度的影响至关重要。以前老式温室后墙厚度一般在 80 ~ 150 厘米，现在随着日光温室的不断改进与更新，后墙厚度也越来越大，后墙下部厚度达 4 ~ 6 米，上部 1.5 ~ 2 米，后墙越厚，保温效果越好，但后墙越厚占地面积就越多，用料用工越多，投资就会越大。即使如此，后坡厚度也要达 60 厘米以上。草苫的厚度要达到 6 ~ 8 厘米，即 9 米长、1.1 米宽的稻草苫要有 35 千克以上。

（二）四比

主要包括前后坡比、高跨比、保温比和遮阳比。

1. 前后坡比

指前坡和后坡垂直投影的宽度比例。在日光温室中前坡和后坡有着不同的功能，温室的后坡由于有较厚的厚度，起到贮热和保温作用，而前坡面覆盖透明覆盖物，起着采光的作用，但夜间覆盖物较薄，散失热量也较多，所以，它们的比例直接影响着采光和保温的效果。日光温室大多用于冬季生产，后坡拥有一定长度，才能提高保温效果。但是，后坡过长，前坡短，又影响白天的采光。所以，从保温、采光、方便操作等方面考虑，前后坡投影比例以4.5∶1左右为宜，即一个跨度8米的温室，前屋面投影6.5米左右，后屋面投影1.5米左右。

2. 高跨比

指日光温室的高度与跨度的比例，二者比例的大小就决定了屋面角的大小。要达到合理屋面角，高跨比以1∶2.2为宜。即跨度为7米的温室，高度应达到3米以上；跨度为8米的温室，高度应达到3.6米以上。

3. 保温比

是指日光温室内的贮热面积与放热面积的比例。在日光温室中，虽然各围护组织都能向外散热，但由于后墙和后坡较厚，不仅向外散热，而且能够贮热，所以在此不作为散热面和贮热面来考虑，则温室内的贮热面为温室内的地面，散热面为前屋面，所以温室保温比就等于温室内的土地面积与前屋面面积之比。即日光温室保温比＝（日光温室内土地面积）／（日光温室前屋面面积）。

保温比的大小说明了日光温室保温性能的大小，所以要提高保温比，就应尽量扩大温室内土地面积，而减少温室前屋面的面积，但前屋面又起着采光的作用，还应该保持在一定的水平上。根据近年来日光温室开发的实践及保温原理，以保温比值等于1为宜，即温室内土地面积与散热面积（前屋面面积）相等较为合理，也就是说跨度为8米的温室，前屋面拱杆的长度以8米为宜。

4. 遮阳比

是指在建造多栋温室或在高大建筑物北侧建造时，前面物体对后排建造温室的遮阳影响。为了不让前排温室（或南面建筑物）对后排温室产生遮阳，应确定适当的无阴影距离。根据当地冬至正午的太阳高度角和三角形函数的相关公式计算，前排物体的高度与阴影长度的比例应在1∶2以上，也就是说前排温室高度为3米时，后排温室距前排温室的距离要达到6米以上。

（三）三材

指建造温室所用的建筑材料、透光材料及保温材料。

1. 建筑材料

主要视投资大小而定，投资大时可选用耐久性的钢结构、水泥结构等。投资小时可采用竹木结构等。不论采用哪种建材，都得考虑温室的牢固性和保温性。

2. 透光材料

是指前屋面采用的塑料薄膜，主要有聚乙烯（PE）、聚氯乙烯（PVC）和乙烯—醋酸乙烯共聚膜（EVA）等。其中乙烯—醋酸乙烯共聚膜（EVA）在较宽的温度范围内具有良好的柔软性、且质量轻，耐老化、无滴性能好，性能优良，用途广泛。

3. 保温材料

指各种围护组织所用于保温的材料，包括墙体保温、后坡保温和前屋面保温。墙体除用土墙外，在利用砖石结构时，内部应填充保温材料，如煤渣、锯末、珍珠岩等绝缘保温材料。对于前屋面的保温，主要是采用草苫加纸被或无纺布等进行保温，也可进行室内覆盖。

三、日光温室的建造与施工

日光温室主要由墙体、立柱、前屋面、后屋面、透明覆盖材料和不透明覆盖物等部分组成。

（一）建造前的准备

1. 场地选择

近年来随着日光温室的开发与推广，建设已由分散型逐步向集中连片规模型发展。统一选择场地，统一规划，统一建设，已成为高效节能日光温室建造生产的基础工作之一。

选择场地开阔，阳光充足，东、西、南三面无高大树木或建筑物遮挡；避开风口，最好北面有天然屏障；水源充足，水质好，排灌方便；地势平坦，土质肥沃，地下水位低，周围无污染源；交通便利，便于农产品的运销。

2. 场地规划

温室坐北朝南，或向西偏5°东西延长为好，这样可以在冬春季接受较多的太阳辐射；温室群体可分成数个单元，单元间设有纵横道路。东西排温室间的南北延长的道路为主路，宽4～6米，便于车辆运输通行或布置排灌沟渠。前后排温室之间要留有一定间距，以前排温室不遮阴于后排温室为准，一般间距为前排温室后墙高度的3倍。

3. 建造时间

根据当地温室生产习惯和茬次安排，建造时间一般是从当地雨季后开始，到上冻前半月结束。如果要进行秋冬种植，就要在使用期前1个月建好。

4. 物料准备

温室建设前要准备好骨架材料、墙体和后屋面材料、透明和保温覆盖材料等。

（二）温室建造施工

1. 放线

首先要确定温室方位。于晴天上午在温室建造的地块中插下一根木棍，接近中午前后记录下木棍阴影的长度和位置，长度最短的位置即为正南正北方向。然后按照设计要求，定好长度和跨度、墙体厚度，量出四角边桩及墙体边线。

2. 筑墙

包括后墙和东西两个山墙。首先确定墙体的位置，用夯或杵打实后墙和东西山墙的地基。建造墙体主要有三种方法：一种是草泥培墙，即用麦穰和成硬草泥，用铁铲取泥培墙，边培边打出垂直于地面的墙面；另一面是用潮湿土加模板杵打成墙，并趁墙体潮湿时，用铁铲把墙面拍实打光，使墙皮结实；再一种是土坯垒墙，并以麦穰泥泥墙皮。采用哪种方法，要视土质和当地习惯而定。目前，生产中较常用的是半地下式温室。即先把棚内地表30 厘米以内的土取出来，然后从棚内挖出的土用于筑墙，最后再把取出的表土放入棚内。最后棚内地表面距棚外地表约 80 厘米。

建山墙时，在大棚的一头要留出 1 ~1. 5 米、宽 0. 5 ~0. 8 米的门口。为了防止外界冷空气直接进入棚内，最好门外建一缓冲间。缓冲间的大小可根据具体情况而定，缓冲间还可用来存放工具。

3. 栽立柱

立柱是支撑温室前后坡棚架、棚膜、草苫等物体的支柱，并承担雨、雪的重量和风力，是温室稳固的保障。首先将预制好的钢筋水泥立柱运到棚内，然后按规定尺寸挖坑、填基石、坚埋立柱。

温室立柱自北向南共四排。第一排立柱也叫后立柱，是支撑后坡面和前坡面顶部及草苫的主要立柱，所以承受的重量最大。要先按温室的高跨比确定温室高度，其中，立柱要埋入地下 50 厘米左右。如果温室跨度为 8 米，高为 3. 6 米（立柱地上部分长度），那么立柱总长会达到 4. 1 米左右；东西相邻后立柱的间距为 1. 8 米。后立柱顶端应向后墙方向倾斜 5 厘米（即顶端按垂线位置向北倾 5 厘米），以平衡坡的重力。埋土时要逐层压实。第二排和第三排立柱叫中立柱，南北向立柱间距 2～2.5 米，东西相邻立柱 3.6 米，垂直埋实。第四排叫前立柱，东西相邻前立柱间距 1.8 米，埋柱方法同中立柱。

4. 上后坡

立柱栽完后上柁，为保证脊高在同一水平线上，可在东西山墙最高点之间拉一条线绳，定出柁头的高度和位置。柁上完找平后（不平的可砍掉或垫高）上檩（也可东西拉扯 8 号铁丝，上下间隔 20 厘米）。脊檩一定要平，并在两头山墙处插入山墙 20 厘米。

先在檩木上摆好成捆的玉米秸、高粱秸或芦苇（也有的先铺预制板，再放玉米秸或草泥等），下端触到墙头上。秸秆要相互挤紧，并固定在檩木上，随后用麦秸、树叶填平；把伸出的脊檩外的秸秆拍齐，后坡上抹第一次扬脚泥，厚 2 厘米，再铺一层地膜或旧薄膜，抹第二次扬脚泥，第二遍泥干后铺玉米秆、麦秸、稻草等防寒物，总厚度要达到 60 厘米以上。

5. 绑拱杆

拱杆用 8～10 米长、直径 9 厘米左右的竹竿，呈拱形，并紧紧嵌入前、中、后立柱顶端的槽口中，一端固定在椽子上，一端固定在前立柱上，用 12 号铁丝穿过立柱槽口下边备制孔，把拱杆绑牢固。东西方向上间隔 20 厘米拉 8 号铁丝，两端固定在山墙外的坠石吊环上。拱杆东西间隔 60 厘米依次呈拱形摆放。拱杆与横杆衔接处要平整，并用废旧塑料薄膜或布条缠起来，以防扎坏棚膜。绑好的所有拱杆要保证在同一拱面上。

6. 覆薄膜

覆膜前首先要设计好放风口，按放风要求焊接好薄膜。设在塑料薄膜屋面上的放风口分上下两排，上排应在棚面的最高处，下排设在离地面 1～1.5 米处。设置通风口要掌握三条原则。一是不放扫地风，以防冷风伤苗，风口距地面 1 米以上；二是不放过堂风，上下风口开启时相互交错，使通风均匀；三是防止雨水滴入，防止空气湿度增大，引起病害。日光温室的放风宜采取扒缝放风，用三块薄膜覆盖，底下一块薄膜宽 1.5～2.0 米，中间一块 4～5 米，上边一块 1.3～1.5 米。膜宽不足时，可用电熨斗或专用黏合剂黏接；放风口的每块膜边缘需包进一道尼龙绳，扣膜时上块压下块，重叠 20～30 厘米。

覆膜应在无风晴天进行，三块薄膜由下至上固定。在上膜之前先把棚膜置于阳光下晒软，然后用长 7.5 米、直径 5～6 厘米的两根竹竿，分别卷起棚膜的两头，再东西同步展开放到大棚前坡架上。在温室前坡面底膜垂地面后要多留出 30～50 厘米宽盖在地面上，用土压实压严。上膜后要东西拉紧穿于棚膜边缘的尼龙绳，两头固定住。覆盖中间一块棚膜时，棚顶和前缘的人先抓住棚膜的边缘，并轻轻地拉紧对准应盖置的位置，两头人抓住卷膜竹竿向东西方向拉紧，随即把卷膜竹竿分别绑于山墙外侧的铁丝上，并用大铁钉固定于山墙外侧。覆盖顶膜时，将其边缘穿有尼龙绳的一边放在南边，然后对准位置轻轻伸展开，并盖过棚脊及后坡 30 余厘米，将其拉紧，用泥压住另一边，并泥严，以防止透风。

膜上每拱用一道压膜线压紧，压膜线上端固定于檩木或椽子上，下端用铁丝或砖制成地锚固定。

四、日光温室的性能

日光温室的性能主要通过光照、温度、湿度、气体等几个参数来体现。

（一）光照

温室内的光照条件决定于室外自然光强和温室的透光能力。由于拱架的遮阴、薄膜的吸收和反射作用，以及薄膜凝结水滴或尘埃污染等，温室内光照强度明显低于室外。以中柱为界，可把温室分为前部强光区和后部弱光区。山墙遮阴作用，午前和午后分别在东西两端形成两个三角形弱光区，它们随太阳位置变化而扩大和缩小，正午消失。温室中部是全天光照强度最好区域。在垂直方向上，光照强度从上往下逐减，在顶部靠近薄膜处相对光强为 80%；距地面 0.5～1 米处相对光强为 60%；距地面 20 厘米处为 55%。

（二）温度

日光温室内的热量来源于太阳辐射，受外界气候条件影响较大。一般晴天室内温度高，夜间和阴天温度低，在正常情况下，冬季、早春室内外温差多在 15℃以上，地温可保持在 12℃以上。冬季晴天室内气温日变化显著。12 月和 1 月，最低气温一般出现在刚揭草苫之时，而后室内气温上升，9～11 时上升速度最快。不通风时，平均每小时升高 6～10℃。12 时以后，上升速度变慢，13 时达到最高值。13 时后气温缓慢下降，15 时后下降速度加快。盖草帘和纸被后，室内短时间内气温回升 1～2℃，而后就缓慢下降。夜间气温下降的数值不仅取决于天气条件，还取决于管理措施和地温状况。用草帘和纸被覆盖时，一夜间气温下降 4～7℃。多云、阴天时下降 2～3℃。日光温室内各个部位温度也不相同。从水平分布看，白天南高北低，夜间北高南低。东西方向，上午靠近东山墙部位低，下午靠近西北墙部位低，特别是靠近门的一侧温度低。日光温室内气温垂直分布，在密闭不通风的情况下，在一定的高度范围内，通常上部温度较高。

（三）湿度

日光温室内空气的绝对湿度和相对湿度一般均大于露地。在冬季很少通风的情况下，即使晴天也经常出现 90% 左右的相对湿度，夜间、阴天，特别是在温度低的时候，空气的相对湿度经常处于饱和或近饱和状态。温室空气湿度的变化，往往是低温季节大于高温季节，夜间大于白天。中午前后，温室气温高，空气相对湿度小，夜间湿度增大。阴天空气湿度大于晴天，浇水之后湿度最大，放风后湿度下降。在春季，白天相对湿度一般在60% ~80%，夜间在90%以上。其变化规律是：揭苫时最大，以后随温度升高而下降，盖苫后相对湿度很快上升，直到次日揭苫，另外，温室空间大，空气相对湿度较小且变化较小；反之，空气湿度大且日变化剧烈。温室内的土壤湿度较稳定，主要靠人工来调控。

（四）气体

由于温室处于半封闭状态，导致室内空气与室外有很大差别。温室中气体主要有二氧化碳、氨、二氧化氮。温室中二氧化碳主要来源于土壤中有机物的分解和作物有氧呼吸。在一定范围内，二氧化碳浓度增加，作物光合作用的强度增加，产量增加。氨气是由施入土壤中的肥料或有机物分解过程中产生的。当室内空气中氨气浓度达到5毫克/千克时，可使植株不同程度受害。土壤中施入氮肥太多，连作土壤中存在大量反硝化细菌都是容易产生二氧化氮气体的原因。二氧化氮浓度达到2毫克/千克时，可使叶片受害。

五、日光温室生产的茬次安排

日光温室可周年利用，寒冷季节的蔬菜生产主要有3种茬口、2种利用方式，夏季种植蔬菜、食用菌或进行土壤消毒。

1. 越冬—大茬生产

多于秋末育苗、冬初定植，元月份始收，6~7月份结束生产。这是河南省种植面积较大的一种方式，生产难度大，要求有温光好的日光温室和较好的栽培技术。河南省一大茬生产的主要栽培见表2-1。

表2-1　越冬一大茬栽培历

作物种类	播种期	定植期	始收期	终收期
黄瓜	10月上中旬	11月上中旬	1月上旬	6月份

续表

作物种类	播种期	定植期	始收期	终收期
番茄	9月上中旬	11月上中旬	1月上中旬	6月份
茄子	9月上中旬	11月上中旬	1月上旬	7月份
辣椒	9月上中旬	11月上中旬	1月上旬	7月份
甜椒	9月上中旬	11月上中旬	1月上旬	6月中旬
香椿	3月下旬	11月上旬	1月上旬	3月中旬
草莓	7月下旬	9月中旬	12月上中旬	4月份

2. 秋季和冬春两茬生产

秋冬茬夏末秋初育苗，中秋定植，初秋始收，元月结束；冬春茬冬季播种育苗，元月秋冬茬结束后定植，2~3月始收，6~8月结束。这种栽培方式把蔬菜安排在生长较有利的季节，避开了条件较差的元月份。主要形式如表2-2。

表2-2　一年两茬接茬安排及栽培历

种类	播种期	定植期	始收期	终收期
秋冬韭菜 ↓	4月上旬至 5月中旬	7月中下旬	12月上旬	2月中旬
冬春黄瓜	11月中旬	元月中下旬	3月上旬	6月中下旬
秋冬韭菜 ↓	7月中旬	9月中旬	12月下旬	元月上旬
冬春黄瓜	11月中旬	元月中下旬	2月下旬	6月中下旬
秋冬黄瓜 ↓	8月上中旬	9月中旬	10月下旬	元月中旬
冬春番茄	10月上中旬	元月中旬	3月下旬	6月中旬
秋冬番茄 ↓	7月中上旬	8月中旬	10月下旬	元月上旬
冬春西葫芦	12月上旬	元月中旬	2月下旬	5月上旬
秋冬西葫芦 ↓	8月下旬	9月下旬	10月下旬	元月下旬
冬春茄子	10月中旬	元月下旬	3月中旬	7月份

续表

种类	播种期	定植期	始收期	终收期
秋冬韭菜 ↓	4月中上旬	7月上旬	3月上旬	元月上旬
冬春青椒	10月上旬	元月中旬	3月中旬	7月份

3. 夏季的利用

日光温室夏季多为休闲，也可种植一茬耐热菜，种植收获期以不误下茬使用为原则。有的利用原来的旧薄膜和草苫遮阴、保湿种植食用菌。为消灭土传病虫，可在高温季节地面挑大沟、填入碎麦草、撒石灰。灌水后盖地膜，使膜下温度达 50～60℃，连续 15～20 天。

第二节　塑料大棚的建造技术

塑料大棚俗称冷棚，是一种简易实用的保护地栽培设施，由于其建造容易、使用方便、投资较少，随着塑料工业的发展，被世界各国普遍采用。利用竹木、钢材等材料，并覆盖塑料薄膜，搭成拱形棚，供栽培瓜菜，能够提早或延迟供应，提高单位面积产量，有利于防御自然灾害，特别是北方地区能在早春和晚秋淡季供应鲜嫩蔬菜。

塑料大棚充分利用太阳能，有一定的保温作用，并通过卷膜能在一定范围调节棚内的温度和湿度。因此，塑料大棚在我国北方地区，主要是起到春提前、秋延后的保温栽培作用，一般春季可提前 30～35 天，秋季能延后 20～25 天，但不能进行越冬栽培；塑料大棚除了冬春季节用于蔬菜、花卉的保温和越冬栽培外，还可更换遮阳网用于夏秋季节的遮阳降温和防雨、防风、防雹等的设施栽培。

一、大棚棚体的构成

大棚的棚体主要由拱杆、立柱、拉杆、压杆（压膜线）、棚膜、铁丝及门等部分组成。大棚一般南北延长。

（一）拱杆

支撑棚膜骨架，横向固定在拉杆上，呈自然拱形，决定大棚的形状和空间。生产中常用的有竹竿或钢管等材料。

（二）立柱

支撑拱杆和棚面的柱子，承受棚架和薄膜的重量，并有负荷雨、雪和受风压、引力的作用，纵横呈直线排列。立柱基部要用砖、石或混凝土墩代替脚石，防止大棚下沉或被风拔起。柱顶呈“V”字形槽，便于架拱杆，距顶端4厘米、20厘米各留一孔眼，用于穿铁丝固定拱杆和拉杆。

（三）拉杆

纵向连接拱杆和固定立柱、压杆的“拉手”，使大棚骨架成为一个整体。主要使用较粗的竹竿、木杆或钢材。

（四）压杆（压膜线）

在塑料薄膜上，于两拱杆之间压一根，压平、绷紧棚膜。可用光滑顺直的细长竹竿连接而成，也可用专用压膜线代替等。

（五）棚膜

覆盖棚体，起到保温、遮阳等作用。主要有PVC（聚氯乙烯）、PE（聚乙烯）、EVA（乙烯—醋酸乙烯共聚膜）等多功能棚膜。

（六）铁丝

捆绑连接压杆、拱杆和拉杆。

（七）门窗

门设于大棚一端或两端，方便人出入；顶端设天窗，以利通风换气。生产中大棚多利用薄膜的合同缝处做通风口。

二、塑料大棚的类型

塑料大棚从不同方面可分为多种类型。按棚顶形状分，有拱圆形和屋脊形；按建造形式分，有单栋大棚和连栋大棚等；按建筑材料分，有竹木结构大棚、水泥立柱竹木混合结构、钢材结构、钢材和水泥混合结构、镀锌钢管结构等。下面重点介绍一下按建筑材料分开的大棚类型。

（一）竹木结构大棚

这种结构的大棚，各地区不尽相同，但其主要参数和棚形基本一致，大同小异。大棚的跨度6～12米、长度30～60米、肩高1～1.5米、脊高2～2.5米；按棚宽（跨度）方向每2米设一木杆立柱，立柱粗6～8厘米，地下深埋50厘米，垫砖或绑横木，夯实，将竹片（竿）固定在立柱顶端成拱形，两端加横木埋入地下并夯实；拱架间距1米，并用纵拉杆连接，形成整体；拱架上覆盖薄膜，拉紧后膜的端头埋在四周的土里，拱架间用压膜线或8号铁丝、竹竿等压紧薄膜。其优点是取材方便，造价较低，建造容易；缺点是棚内柱子多，遮光率高、作业不方便，寿命短，抗风雪荷载性能差。

（二）水泥立柱竹木混合结构

基本结构同竹木结构，只是竹木结构中的木杆立柱换成浇铸的水泥立柱，比竹木结构更牢固。

（三）钢材结构大棚

这种钢结构大棚，拱架是用钢筋、钢管或两种结合焊接而成的塑料大棚架，上弦用16毫米钢筋或6分管，下弦用12毫米钢筋，纵拉杆用9～12毫米钢筋。跨度8～12米，脊高2.6～3米，长30～60米，拱间距1～1.2米。纵向各拱架间用拉杆或斜交式拉杆连接固定形成整体。拱架上覆盖薄膜，拉紧后用压膜线或8号铁丝压膜，两端固定在地锚上。

这种结构的大棚，骨架坚固，无中柱，棚内空间大，透光性好，作业方便，是比较好的设施。但这种骨架是涂刷油漆防锈，1～2年需涂刷1次，比较麻烦，如果维护得好，使用寿命可达6～7年。

（四）钢材和水泥混合结构大棚

这种大棚由钢管作为拱杆（或钢管和竹竿间隔摆放），由水泥柱为立柱的混合结构。水泥立柱东西向摆放5根，间距3米左右（根据大棚的实际跨度而定）。水泥立柱南北向间距3米，上面摆放钢管，两钢管之间摆放3根竹竿，竹竿间距1米。这种大棚一般跨度12米左右，高度3米以上，长度100米左右，单栋棚面积2亩左右。

（五）镀锌钢管装配式大棚

这种结构的大棚骨架，其拱杆、纵向拉杆、端头立柱均为薄壁钢管，并用专用卡具连接形成整体，所有杆件和卡具均采用热镀锌防锈处理，是工厂化生产的工业产品，已形成标准、规范的20多种系列产品。这种大棚跨度4～12米以上，肩高1～1.8米，脊高2.5～3.2米，长度60米左右，拱架间距0.5～1米，纵向用纵拉杆（管）连接固定成整体。可用卷膜机卷膜通风、保温幕保温、遮阳幕遮阳和降温。

这种大棚为组装式结构，建造方便，并可拆卸迁移，棚内空间大、遮光少、作业方便；有利作物生长；构件抗腐蚀、整体强度高、承受风雪能力强，使用寿命可达15年以上，是目前最先进的大棚结构形式。

三、大棚的建造施工

（一）大棚的结构参数

1. 高跨比

合理的高跨比。在一定的风速下，棚面弧度小时，掠过棚面的风速快，造成棚内和棚外的压力差大，棚膜会因出现频繁的摔打而破损；弧面大时，掠过棚面的风速被削弱，内外压力差小，棚膜被损坏的机会就小，抗风能力就强。大棚的高跨比直接影响到大棚的棚面弧度。大棚的高跨比等于大棚的中高与大棚跨度的比值，一般为1∶(4～5）为宜。

2. 长宽比

大棚的长度与宽度（跨度）的比值一般大于等于5较适宜。棚体过长，管理运输操作不方便；棚体过短，单位土地上造价太高。

（二）大棚的建造施工

1. 场地选择

建棚选点应在避风向阳、地势平坦、土质肥沃、灌排方便、四周无高大建筑、光照和通风条件好的地块上。

2. 建棚准备

按大棚结构的要求，准备好各种物资，如拱杆、立柱、拉杆、压杆（压膜线）等。塑料薄膜根据棚体大小计算裁好，用电熨斗焊接。建棚前先平整土地，按照大棚的跨度和宽度，画出大棚轮廓边线，大棚一般南北走向。在规定区域内按一定间距南北向拉直线，沿直线按立柱间距定点挖坑。

3. 埋立柱

立柱埋入深度40～50厘米，要求规格一致，纵横成行。南北向同一排立柱高度要一致，间距3米。边柱间距1～1.2米；东西向立柱栽5排，中间一排最高，两边依次降低20～40厘米，保持对称，成为半弧形。根据大棚跨度均匀间隔。如果大棚跨度12米，立柱东西间隔3米左右。

4. 搭拱杆

间隔1～1.2米摆放拱杆，两边拱杆对接固定。要求拱杆在一直线上，用铅丝通过立柱上端小孔将拱杆和立柱绑牢。各拱杆搭好后，再整体调平，分别固定于三道拉丝上，形成整体。拱杆与边柱接口处要用旧布缠绕，以免接口处过尖、过硬，凹凸不平扎损薄膜。

5. 绑拉杆

拉杆选用粗而坚实的竹竿。拉杆绑在距立柱顶端30厘米处，紧密固定在立柱上。

6. 装棚头

在南北端的中心向外1.5米处，至东西两边画一弧线作为棚头边线，沿此线插10~16根竹竿，上头牢牢绑在拱杆上。中间两根应相距1.2~1.4米做棚门过道；在棚门过道中间按80厘米距离，从拱杆垂直插两根竹竿破门，以便装门框。门上和两侧各绑几道横杆，成为牢固的棚头。这种弧形棚头具有较强的抗风力。

7. 扣棚膜

因大棚采取顶部和两侧三道缝放风，故将整个大棚膜粘成四块，跨度14米时，粘成两个1.5米的边幅和两个7米宽的大幅。

选择晴朗无风天气扣棚膜。先扣两边单幅，下边埋入土中，上边固定在边柱上30厘米处，西边压住东边，两侧压住边幅，重叠20~25厘米。扣顶幅膜时，先将棚膜在棚顶拉紧，沿一端棚头埋好后，再用力将棚膜拉展，拉紧埋好另一端。

8. 上压膜线

棚膜扣上后，立即上压膜线。先隔两拱压一道，然后全部压上，以使整个棚面压力均匀。压膜线两头用铁丝固定在地锚上，绑牢拉紧。

9. 装门

大棚两头的门高1.6~2米，宽80厘米，门框用木制，绑在棚头竹竿上，门窗钉上薄膜，外吊草帘。为防早春的扫地风，可用薄膜做一道40~50厘米高的门槛。

四、塑料大棚的性能

塑料大棚与温室在性能方面有一定的差异。

（一）光照

塑料大棚上不盖草帘，棚内光照时间和外界一样长。光照强度取决于棚外的光照强度、棚型及棚膜的性质和质量。晴天棚内的光照强度明显高于阴天和多云天；钢骨架塑料大棚的光强大于竹木结构支架类型的；聚氯乙稀膜透光性优于聚乙稀膜，新膜优于旧膜，无滴膜优于普通膜，厚薄均匀一致的膜优于厚度不均的膜。棚内的自然光强始终低于棚外，一般棚内 1 米高处光照强度为棚外自然光强的 60%。

（二）温度

大棚的主要热源是太阳的辐射热，棚外无覆盖物，因此棚内温度随外界昼夜交替、天气的阴、晴、雨、雪，以及季节变化而变化。在一天之内，清晨后棚温逐渐升高，下午逐渐下降，傍晚棚温下降最快，夜间 23 点后温度下降减缓，揭苫前棚温下降到最低点。在晴天时昼夜温差可达 30℃ 左右，棚温过高容易灼伤植株，凌晨温度过低又易发生冷害。

棚内不同部位的温度状况有差异，每天上午日出后，大棚东侧首先接收太阳光的辐射，棚东侧的温度较西侧高。中午太阳由棚顶部入射，高温区在棚的上部和南端，下午主要是棚的西部受光，高温区出现在棚的西部。大棚内垂直方向上的温度分布也不相同，白天棚顶部的温度高于底部 3 ~ 4℃，夜间棚下部的温度高于上部 1 ~ 2℃。大棚四周接近棚边缘位置的温度，在一天之内均比中央部分要低。

（三）湿度

塑料大中棚的气密性强，所以棚内空气湿度和土壤湿度都比较高，空气相对湿度经常可达 80% 以上，密闭时为 100%。棚内薄膜上经常凝结大量水珠，集聚一定大小时水滴下落。棚内空气湿度变化规律是随棚温升高，相对湿度降低；随着棚温降低，相对湿度升高。晴天、刮风天相对湿度低，阴雨天相对湿度显著上升。春季，每天日出后棚温逐渐升高，土壤水分蒸发和作物蒸腾作用加剧，棚内水汽大量增加。随着通风，棚内相对湿度则会下降，到下午关闭门窗前，相对湿度最低。关闭门窗后，随着温度的下降，棚面凝结大量水珠，相对湿度往往达饱和状态。

（四）气体条件

棚内大量施用有机肥，在分解时会放出大量的二氧化碳气体，蔬菜自身也放出二氧化碳。一天之中，大棚中清晨放风前的二氧化碳浓度最高，日出后随着光合作用的加强，棚内二氧化碳含量迅速下降，若不进行通风换气，比露地的含量还低。

五、大棚瓜菜的栽培制度

大棚内可生产绿叶菜、大白菜、葱蒜类、豆类、茄果类、瓜类等多种瓜菜。从大棚的利用效益出发，安排生产必须结合市场需求，采取最有利的栽培方式，进行多茬栽培。

（一）大棚瓜菜主要栽培方式

1. 春季提早栽培

春季提早栽培瓜菜需要温室内育苗，大棚内定植，产品上市期可较露地提早 30～60 天。效益较高的蔬菜有：番茄，12 月中下旬至元月上旬温室育苗，3 月上中旬定植于大棚内，5 月上中旬开始收获；西瓜，上年 12 月中下旬嫁接育苗，出苗后子叶瓣平展露出一心时进行嫁接，2 月中下旬定植，5 月上旬上市；甜瓜，早春茬甜瓜元月中下旬育苗，3 月上旬定植，5 月上中旬上市；黄瓜，12 月中下旬至元月初温室育苗，苗龄 45～60 天，双层薄膜大棚并有补充加温室设备的可于 2 月中下旬定植，单层棚可于 3 月中旬前后定植，4 月上中旬开始收获，7 月中下旬拉秧；茄子、辣椒，12 月中下旬温室育苗，3 月中下旬定植于大棚内，5 月中下旬开始收获，也可行恋秋栽培。

2. 秋延后栽培

前期处在高温条件下生长，后期在大棚保护下度过。秋延后栽培以黄瓜、番茄为主，产品经贮藏可延至冬季供应。黄瓜于立秋前后直播于棚地，10 月上旬扣棚，播后 40 多天即可采收，自 9 月下旬至立冬后结束。于 7 月上中旬露地遮阴育苗，注意防止高温热雨危害，8 月上中旬定植。番茄中旬定植，10 月中旬开始采收，11 月中旬拉秧。另外，夏秋茬甜瓜于 7 月中下旬直播育苗，9 月中旬上市。

（二）大棚蔬菜的多茬栽培

河南省大棚在一年中的利用时间较长，主要蔬菜可以从 8 月开始到 6 月止，秋、冬、春三季三茬或两季连续生产。三茬生产时在秋延后番茄、黄瓜之后，春提前果菜定植之前，种植一茬芹菜等耐寒蔬菜；两茬生产时可在 8 月下旬再种一茬蒜苗，自 12 月下旬收获至 3 月上旬。在茬口安排上，秋茬的收获时间不得影响冬茬的定植，而冬茬菜又必须在春菜定植前收获完。在这三茬中，以春季为主茬，而春主茬又必须以前期产量为核心，以早熟、高产为目的进行生产。这样不仅照顾到充分利用大棚设施，全年多茬高产，而且有利于解决果菜淡季供应问题。

大棚内秋延后还可生产花椰菜、甜椒，冬季还可生产菠菜、莴笋、小白菜，春季生产西葫芦、豇豆、菜豆等蔬菜。

（三）大棚蔬菜的间、套、轮作

为了充分发挥大棚的生产效益，在不断提高地力、减免病虫害的前提下，要尽量利用已有的设备，利用一定的空间和土地，栽培较多的蔬菜种类，以达到增加花色品种、提高单产、满足市场需要、提高经济效益的目的。在安排大棚生产时，要力求做到不重茬、间作套种合理搭配。

大棚中常用的间、套作方式有：以黄瓜为主作，间种小白菜、荆芥、茼蒿等；以番茄为主作，畦埂上点种热萝卜，隔畦间种甘蔗、花椰菜等；以甜椒为主作，间作菠菜、莴笋、生菜等；芹菜畦间套种蒜苗，蒜苗早收获，又可套种小白菜等；早春先栽生育期短的自封顶番茄，随后套种生育期长的甜椒、辣椒。番茄早上市、早拔秧，甜椒得以充分生长，大量结果。

第三节　小拱棚的建造技术

一、小拱棚的结构特点

小拱棚是用细竹竿、竹片、荆条等能够弯成弓形的材料支成骨架，在骨架上覆盖薄膜，膜外用压膜条等固定压紧薄膜。一般高0.5～1米，宽1.5～2米，长7～10米（或依地块长度而定）。

小拱棚结构简单，取材方便，容易建造，造价较低，又因塑料膜柔软可塑，质地较轻，能用架材弯成一定的形状。生产中可因地制宜，灵活设计，有一定的空间和面积即可。常有的形状主要有。

（一）拱圆形棚

棚面半圆形，可在北侧加设1.5～2.0米高的风障，成为风障拱棚。

（二）半拱圆形棚

北面棚架为半圆形，南面为一面坡，中间设一排立柱；或于北侧筑1米高的土墙，南面为半拱圆棚架，一般不设中柱，跨度大时可加设1～2排立柱。

（三）单斜面棚

北面筑1米高的土墙，南面为一面坡；或北面筑墙，后坡斜面加膜顶，成为改良阳畦用薄膜覆盖的形式。

（四）双斜面三角棚

中间设一排立柱，柱顶拉一道铁丝。两边覆盖薄膜即成。

二、小拱棚的性能

（一）温度

小拱棚的热源来自阳光，因此，棚内的气温也随着外界气候的变化而改变。但受薄膜性能所限，温度变化有局限性。一般来说，小拱棚加盖草苫的，1～4 月份平均温度比露地高 4.2～6.2℃，9 月上旬到 11 月上旬比露地高 0.2～1.4℃。

冬季，小拱棚内的平均气温在 10℃以下，最低温度在 0℃以下。据测定，外界气温降至 -15.5℃时，棚内最低温度为 -3℃，比露地约高 12.5℃。

秋季，利用小拱棚进行秋延后栽培，10 月中下旬可不加草苫。霜降以后，根据天气变化，在棚内不能增温时，须盖草苫。

（二）湿度

由于土壤蒸发和植物的蒸腾，棚内空气湿度往往较高。白天通风式，棚内相对湿度为 40%～60%；夜间密闭时，可达 90% 以上。

（三）光照

小棚内的受光状况，决定于薄膜的质量和新旧程度，也和薄膜吸尘、结雾有关。新薄膜的透光率一般不少于 80%，随着薄膜的老化和污染，透光率减少到 40%～50%。污染严重时，透光量还会减少。

三、小拱棚的应用

小拱棚多用于春天、秋天生产，也可用于育苗。由于棚体短小，便于加盖草苫，故其防寒保温的性能常比大棚还好。春季提前定植可早于大棚，秋季延后可比大棚更长。适于栽培瓜类、茄果类、豆类、甘蓝类、花椰菜、芹菜、韭菜、葱蒜及其他绿叶蔬菜。

第三章　温室瓜菜集约化栽培模式与实用技术

第一节　黄瓜—苦瓜栽培实用技术

一、黄瓜—苦瓜对环境条件的要求

（一）黄瓜

黄瓜喜温暖，不耐寒冷。生育适温为10～32℃。一般白天25～32℃，夜间15～18℃生长最好；最适宜地温为20～25℃，最低为15℃左右。最适宜的昼夜温差10～15℃。黄瓜高温35℃光合作用不良，45℃出现高温障碍，低温－2～0℃冻死，如果低温炼苗可承受3℃的低温。

黄瓜喜光而耐阴，在果菜类中属于比较耐弱光的蔬菜种类。育苗时光照不足，则幼苗徒长，难以形成壮苗；结瓜期光照不足，则易引起化瓜。强光下其群体的光合效率高，生长旺盛，产量明显提高；在弱光下叶片光合效能低，特别是下层叶感光微弱，光合能力受到抑制，而呼吸消耗并不减弱，减产严重。黄瓜在短日照条件下有利于雌花分化，幼苗期8小时短日照对雌花分化最为有利。12小时以上的长日照有促进雄花发生的作用。

黄瓜喜湿、怕涝、不耐旱，要求土壤的相对持水量为85%～95%，空气相对湿度白天80%、夜间90%为宜。黄瓜不同发育阶段对水分的要求不同，其中发芽期要求水分充足，但不能超过土壤含水量的90%，以免烂根；幼苗期与初花期应适当控制水分，维持土壤含水量80%左右为宜，以防止幼苗徒长和沤根；结瓜期因其营养生长与生殖生长同步进行，耗水量大，必须及时供水，浇水宜小水勤浇。

黄瓜喜湿而不耐涝、喜肥而不耐肥，宜选择富含有机质的肥沃土壤。一般喜欢 pH 值在 5.5 ~ 7.2 的土壤，以 pH 值为 6.5 最好。

黄瓜对矿质元素的吸收量以钾为最多，氮次之，再次之为钙、磷、镁等。大约每生产 1 000 千克黄瓜需消耗氧化钾 5.6 ~ 9.9 千克、氮 2.8 千克、五氧化二磷 0.9 千克、氧化钙 3.1 千克、氧化镁 0.7 千克，其各元素吸收量的 80% 以上是在结果以后吸收的，其中 50% ~60% 是在收获盛期吸收的。

（二）苦瓜

苦瓜喜温，耐热，不耐寒。种子发芽的适宜温度为 30 ~ 33℃，20℃以下发芽缓慢，13℃以下发芽困难；生长适宜温度 20 ~ 30℃。幼苗生长的适宜温度为 20 ~ 25℃，15℃以下生长缓慢，10℃以下生长不良；在开花结果期能忍受 30℃以上的较高温度，开花授粉期的适宜温度为 25℃左右。在 15 ~ 25℃的范围内温度越高，越有利于苦瓜的生育。

苦瓜属短日性植物，温度稍低和短日照有利于雌花的发育；苦瓜喜光不耐阴。苦瓜的花芽分化发生在苗期，苗期的环境条件对其性别表现影响较大。在低温条件下，短日照可使苦瓜植株发育提早，无论是第 1 雌花还是第 1 雄花节位都明显降低，使雄花数减少，雌花数增加。因而大棚栽培时，应尽量争取早播，在一定温度下充分利用前期自然的短日照。苦瓜对光强要求较高，不耐弱光。光照充足，苦瓜枝叶茂盛，颜色翠绿，果大而无畸形果的产生。光照不足情况下，苦瓜茎叶细小，叶色暗；苗期光照不足可降低对低温的抵抗能力。因此，大棚栽培苦瓜时，还应注意补充光，以促进植株的生长和提高产量。

苦瓜喜湿，但不耐积水，整个生育期间需水量大。生长期间需 85% 的空气相对湿度；苦瓜连续结果性强，采收时间长，植株蒸腾量大，要时常保持土壤湿润。但不应积水，积水容易坏根，叶片黄萎，影响结果，甚至造成植株坏死；土壤水分不足，植株生育不良，雌花不会开放，严重影响产量。

温室冬春茬黄瓜套种苦瓜可采用高后墙短后坡半地下式日光温室。

二、栽培模式

黄瓜：选用耐低温、耐弱光、高抗霜霉病、枯萎病等多种病害的品种。9 月中旬育苗，10 月中旬定植，11 月中旬上市。采用嫁接苗，宽窄行栽培。宽行 80 厘米，窄行 50 厘米，株距 30 厘米，亩栽黄瓜 3 500株左右，第二年 4 月中下旬拉秧，亩产量 7 500千克。

苦瓜：9 月中旬育苗，10 月中旬定植，第二年 4 月中旬上市。宽行 80 厘米，窄行 50 厘米，株距 1.5 米，亩栽 700 棵左右。8 月份拉秧，亩产量 4 500千克。

三、栽培实用技术

（一）黄瓜栽培实用技术

1. 选用良种

黄瓜宜选用津优 30、32 号、中农 21 号、博耐、兴科 8 号等耐低温弱光，高抗病等高产优质品种。

2. 适时播种

越冬茬黄瓜从播种至结瓜初盛期约需 92 天，黄瓜销售量开始较大幅度增加，价格也高的时期是在大雪前后 10 天，即 12 月上旬，所以，一般 9 月中旬为黄瓜适宜播种期。

3. 培育壮苗

越冬茬黄瓜持续结瓜能力较强，其中，前期产量仅占总产量的 40% 左右，而经济收益却占总收益的 60% 以上。所以应注重培育壮苗，促进花芽分化，增加雌花。

（1）育苗设施的选择及准备。选择日光温室或智能温室作为育苗场所，靠近棚边缘1.5米处不作苗床，为作业走道及堆放保温物，中间5米作为苗床。苗床地面可铺设土壤电热加温线，也可在温室内设立加温管道或其他设施。使用32穴塑料穴盘或营养钵作为育苗容器，平底塑料盘作为接穗苗培育容器，其他辅助设施有催芽箱、控温仪、薄膜等。

（2）种子处理及催芽。播种前先将种子放入到55～60℃的热水中浸20～30分钟，热水量约是种子量的4～5倍，并不断搅动种子。待水温降至25～30℃时浸泡4～6小时。日本杂交南瓜或黑籽南瓜要适当长些，浸泡6～8小时。待种子吸水充分后，将种子反复搓洗，用清水冲净黏液后晾干，放在25～30℃条件下催芽。催芽过程中，每天用20℃左右温水淘洗，催芽2～3天，待80%露白即可播种。

（3）育苗基质填装。

①基质穴盘育苗。基质一般采用草炭、蛭石、珍珠岩，三者比例为3∶1∶1，每立方基质拌入三元复合肥1.5千克，多菌灵可湿性粉剂250克，调配均匀备用。

②营养土配制：配制的苗床营养土。用腐熟的农家有机肥3～4份，与肥沃农田土6～7份混合，再按每立方米加入尿素480克、硫酸钾500克、过磷酸钙3千克、70%甲基硫菌灵可湿性粉剂和70%乙磷铝锰锌可湿性粉剂各150克，拌匀后过筛，配制能促进壮苗和增加雌花的苗床营养土，营养钵育苗。以黑籽南瓜为砧木嫁接，培育壮苗，防治枯萎病等土传病害。

（4）播种及苗床管理。黄瓜播种应选择晴天上午，黑籽南瓜要比黄瓜早播种2天。播种时应做到均匀一致，播前浇足底水。覆土不能太厚也不能太薄，太厚时种子出土困难，太薄种子又容易带帽出土。黄瓜的覆土厚度掌握在1～1.5厘米，黑籽南瓜掌握在2～2.5厘米。

播种后立即用地膜覆盖苗床，增温保墒，为种子萌发创造良好的温湿条件。播种后要保证较高的温度，一般控制在 25 ~ 30℃，出苗后温度可适当降低，以防止幼苗过于徒长。苗床土壤湿度控制在75%左右，保持床面见湿少见干。幼苗出土后到嫁接前间隔 4 ~ 5 天喷洒 50% 甲基托布津可湿性粉剂 500 倍液，50%多菌灵可湿性粉剂 500 倍液喷洒。

（5）嫁接及嫁接苗的管理。

①嫁接适期。在砧木和接穗适期范围内，应抢时嫁接，宁早勿晚。砧木的适宜嫁接状态是子叶完全展开，第一片真叶半展开，即在砧木播种后 9 ~ 13 天；接穗黄瓜苗刚现真叶时，即在黄瓜播种后 7 ~ 8 天为嫁接适期。

②嫁接方法。目前生产上应用较多的方法为插接，该法接口高，不易接触土壤，省去了去夹、断根等工序，但嫁接后对温湿度要求高。嫁接时，先切除砧木生长点，然后竹签向下倾斜插入，注意插孔要躲过胚轴的中央空腔，不要插破表皮，竹签暂不拔出。把黄瓜苗起出，在子叶以下 8 ~ 10 毫米处，将下胚轴切成楔形。此时拔出砧木上的竹签，右手捏住接穗两片子叶，插入孔中，使接穗两片子叶与砧木两片子叶平行或呈十字花嵌合。

③嫁接后管理。嫁接后覆盖薄膜保墒增温。嫁接后 1 ~ 2 天是愈伤组织形成期，是成活的关键时期。一定要保证小拱棚内湿度达95%以上，白天温度保持25 ~ 30℃。前两天应全遮光。3 ~ 4 天后逐渐增加通风，逐步降低温度。一周后，白天温度 23 ~ 24℃，夜间 18 ~ 20℃，只在中午强光时适当遮阴。定植前一周降至 13 ~ 15℃。如果砧木萌发腋芽，要及时抹掉。要调节好光照、温度和湿度，提高成活率。10 天后按一般苗床管理。

适龄壮苗的形态特征：日历苗龄 35 ~ 45 天，3 ~ 4 片真叶，株高 10 ~ 15 厘米。茎粗节短，叶厚有光泽，绿色，根系粗壮发达洁白，全株完整无损。

（6）病虫害防治。苗期病虫害主要有猝倒病、立枯病、沤根及白粉虱等。猝倒病：子叶展开到真叶出现之前，茎基部初呈水渍状，并迅速缢缩成线状，变软倒折，子叶尚保持绿色、不萎蔫，药剂防治可用72.2%普力克600倍液喷淋；立枯病发病初期根茎部会有淡褐色病斑，后期为深褐色。早期白天萎蔫，茎基部变淡褐色，呈水渍状，夜间恢复。如此反复多日后，病苗枯死。发病部位向里面凹陷，待瓜苗死亡后，瓜株并不见倒。药剂防治可用甲霜恶霉灵1 500～2 000倍液叶面喷淋；沤根是生理性病害，主要是床土过于黏重或施入生粪、土温低、水分多。它发生在秧苗根部，根皮锈褐色，不发新根及不定根，易拔起，最后腐烂变黄枯死。管理上要使用充分腐熟的有机肥，避免水分过多和地温偏低；白粉虱防治用25%扑虱灵2 000倍液或30%啶虫脒喷雾。

4. 定植

黄瓜定植应选择寒尾暖头的天气进行，定植时应有较高的地温。定植采用宽窄行高垄栽培，宽行80厘米，窄行50厘米，于宽垄间挑沟呈“V”形。双行定植，在垄面上按株距30厘米开穴，穴内浇水，待水渗下后将黄瓜苗定植在穴内。然后覆盖银白色地膜，破膜放苗，并用土封严膜口。

5. 田间管理

（1）结瓜前管理。此期历经40～50天，管理主攻方向：防萎蔫，促嫁接伤口愈合和发新根。黄瓜定植后3天内不通风散湿，保持地温22～28℃，气温白天28～32℃，夜间20～24℃；空气相对湿度白天85%～90%，夜间90%～95%。3天后若中午前后气温高达38～40℃时，要通风降温至30℃，以后保持温室内白天最高气温不超过32℃，并逐渐推迟关闭通风口和下午盖草帘的时间，夜间气温不高于18℃。缓苗后至结瓜初期，每天8～10小时光照；勤擦拭棚膜除尘，保持棚膜良好透光性能；张挂镀铝反光幕，增加光照。温室内气温白天24～30℃，夜间

14～19℃。凌晨短时最低气温 10℃。在地膜覆盖减轻土壤水分蒸发条件下，通过适当减少浇水，使土壤相对湿度保持在70%～80%。寒流和阴雪天气到来之前要严闭温室，夜间在盖草帘后，再覆盖整体塑料膜。及时扫除棚膜上积雪，揭膜后适时揭草帘。白天下小雪时，也应适时揭草帘，争取温室内有弱光照。为了保温，一般不放风，但当温室内空气湿度超过 85% 时，于中午短时放风排湿。连阴雪天骤然转晴后的第一天，一定不要将草帘等不透明覆盖保温物一次全揭开，应“揭花帘，喷温水，防闪秧”，即将草帘隔一床或隔两床多次轮换揭盖。当晴天时黄瓜和苦瓜植株出现萎蔫时，要及时盖草帘遮阴并向植株喷洒 15～20℃的温水，以防止闪秧死棵。

（2）结瓜期管理。越冬茬黄瓜结瓜期为 12 月上中旬至第二年 4 月下旬。

光照管理：一是适时揭、盖草帘，尽可能延长光照时间。以盖草帘后 4 小时温室内气温不低于 18℃和不高于 20℃为宜。二是勤擦拭棚膜除尘，保持棚膜透光率良好。三是在深冬季节于后墙面张挂镀铝反光幕，增加温室内光照。四是及时吊蔓降蔓，调蔓顺叶，去衰老叶，改善田间透光条件。五是遇阴雨阴雪天气时，也应尽可能争取揭草帘采光。

温度管理：深冬（12 月至第二年 1 月）晴天和多云天气，温室内气温凌晨至揭草帘之前 9～11℃，揭草帘后至正午前 2 小时16～24℃，中午前后 28～32℃，下午 12～28℃，上半夜 17～20℃，下半夜 12～16℃，凌晨短时最低温度 10℃。深冬连阴雨雪、寒流天气，温室内气温，上午 12～18℃，中午前后 20～22℃，下午 18～20℃。上半夜 15～18℃，下半夜 10～15℃，凌晨短时最低温度 8℃。春季晴天和多云天气，温室内气温白天18～28℃，中午前后 30～34℃，下午 24～28℃。上半夜 18～22℃，下半夜 14～17℃，凌晨短时最低温度 11℃。

水肥供应：掌握“前轻、中重、三看、五浇五不浇”的水肥供应原则。所谓前轻、中重，是第1次黄瓜采收后浇水，浇水间隔12~15天，隔1水冲施1次肥，每次每亩冲施尿素和磷酸二氢钾各5~6千克或冲施宝10千克左右；进入结瓜盛期，8~10天浇1次水，每次每亩随水冲施高钾高氮复合肥8~10千克，并喷施叶面肥，可选用台湾永富氨基酸液肥，对水500倍液，均匀喷洒。还可于晴天9~11时追施二氧化碳气肥。所谓三看、五浇五不浇，是通过看天气预报、看土壤墒情、看黄瓜植株长势来确定浇水的具体时间。做到晴天浇水，阴天不浇；晴天上午浇水，下午不浇；浇温水，不浇冷水；地膜下沟里浇暗水，不浇地表明水；小水缓流洇浇，不大水漫浇。

6. 病虫害防治

（1）霜霉病：在地势低洼通风不良浇水过多的情况下，危害较为严重，主要为害叶片，偶尔也为害茎、花梗。发病初期有水渍状多角形病斑，病斑不穿孔，湿度大时背面病斑可能长出黑色霉层，严重时由于病斑数目多、扩展快、病斑相互愈合，造成叶片提早焦枯死亡。

防治方法：生态防治：保持室内通风良好，控制室内的温度，白天保持在25℃左右，晚上控制在15℃左右。药剂防治：发病时用可用25%甲霜灵可湿性粉剂800倍液、25%的瑞毒霉600~800倍液，或用25%甲霜灵锰锌500~600倍液喷雾，病重地在3~5天重复喷1次。

（2）白粉病：为害植株地上各部分，但以叶、蔓受害为主。初期叶片两面出现白色近圆形小粉斑，后扩展成边缘不明显的大片白粉区。严重时整叶布满白粉，发病后期白色霉斑因菌丝老熟变为灰色，病叶黄枯，有小黑点。

防治方法：田间管理：尽量选用抗病品种，注意透光、合理灌水、降低空气湿度、施足有机肥。药剂防治：发病初期用

15%粉锈宁1 500 ~2 000倍液，或用40%敌菌酮800倍液喷雾，间隔5 ~7天喷1次，重复2 ~3次即可。

（3）灰霉病：主要为害叶、果、花等，灰霉病病菌从败谢的雌花中侵入，长出灰褐色霉层，继而侵入幼瓜，造成顶部腐烂，变软萎缩，大瓜受害病部先发黄，直至腐烂脱落。

防治方法：田间管理：高畦栽培、降低田间湿度、合理灌水、傍晚浇水，要适当通风排湿，促其健壮生长。药剂防治：发病初期用50%速克灵可湿性粉剂1 500 ~2 000或50%多霉灵可湿性粉剂800 ~1 000倍液喷雾。

（4）炭疽病：主要为害茎、叶片等。初出现水浸性小斑点，叶片受害病斑近圆形，红褐色；外有晕轮，干枯时病斑中部破裂。果实受害发生黑褐色病斑，易弯曲变形。

防治方法：土壤处理：与非瓜类作物实行3年以上的轮作。进行土壤消毒，选用抗病品种，轮作倒茬，清除病残植株，增施磷钾肥。药剂防治：65%代森锰锌500 ~800倍液、80%炭疽福美可湿性粉剂800倍液、70%代森锰锌可湿性粉剂400倍液或用45%百菌清烟雾剂每亩250克熏蒸。每7 ~10天使用1次，连续3 ~4次。

（5）枯萎病：该病在连作的情况下为害极大，一般多在收获期开始时发生，但在苗期也有发生。主要采用综合防治。轮作倒茬，深翻土地，增施农家肥，采用小高畦栽培，适当控制淡水，加强中耕松土，用南瓜作砧木进行嫁接及土壤处理（每亩用多菌灵2.5千克与细土混匀，定植时撒到土坨周围，然后封土）。也可用64%菌枯净600倍液防治。

（6）虫害：有蚜虫、白粉虱、杀黄螨等。蚜虫用永速灭杀丁、10%吡虫啉、灭杀毙等防治；白粉虱用扑虱灵、功夫等防治；杀黄螨用三氯杀螨醇防治。

（二）苦瓜栽培实用技术

1. 品种选择

苦瓜选用苗期耐低温弱光，结果期耐高温高湿，高抗炭疽病和细菌性角斑病等多种病害的中早熟和早中熟高产优质品种；要求果色油绿，果肉较厚，瓜条顺直，瓜长25～30厘米，适于夏秋季装箱贮运。

2. 适时播种

苦瓜同黄瓜同时期9月中旬播种。

3. 培育壮苗

营养土配制、种子处理、及苗期管理参照黄瓜种子。苦瓜苗子长到4～5片叶时，即可移栽定植，苗期约35天。

4. 定植

在黄瓜植株南北向行间隔1.5米开穴，浇水定植苦瓜。

5. 田间管理

苦瓜的结瓜盛期为5月上旬至9月上旬，长达4个月。4月下旬至5月上旬及时将黄瓜拉秧倒茬，随即清洁田园，揭除地膜，深中耕培土。

整枝架蔓：将原来吊架黄瓜的顺行铁丝和吊绳都保留，并于吊绳中部再架设一道顺行铁丝，形成一垄双行壁式架。温室苦瓜整枝多采用两种方法：一种是当主蔓长1米时摘心，促使侧蔓发生，选留基部粗壮的侧蔓2～3条，当侧蔓及各级孙蔓着生雌花后摘心，以增加前期产量；另一种是保留主蔓，将基部33厘米以下侧蔓摘除，促使主蔓和上部子蔓结瓜。及时引新蔓，防止越架攀缘，并及时摘去多余的卷须和叶龄45天以上的老叶，抹去多余的腋芽，去除已衰败的枝蔓，合理调整新蔓的分布。

人工授粉和蚂蚁传粉：于上午9时后摘取当日开放的雄花进行人工授粉，1朵雄花能授3～4朵雌花。蚂蚁是苦瓜的主要传粉媒介，应尽可能保护温室内蚂蚁，以提高坐果率。尽可能采用黄板诱杀等物理措施防治虫害。

肥水供应和环境调控：自5月上旬进入结瓜盛期后，每隔10天左右浇1次水，浇水前每亩埋施生物菌肥20～25千克，或随水冲施高钾复合肥10～12千克。同时要做好光照、温度、空气、湿度调控，在改善光照条件的同时，做到通风降温、排湿。尤其要加大夜间通风量，使伏季温室内白天气温不高于35℃，夜间不高于27℃，昼夜温差不小于8℃。土壤相对湿度80%～85%。

6. 病虫害防治

苦瓜常发生细菌性角斑病、叶枯病、炭疽病、蔓枯病、白粉病、菌核病、灰霉病等病害，可用21%克菌星（过氧乙酸）乳油600～800倍液全株喷雾。常发生的害虫有白粉虱、蓟马、美洲斑潜蝇等，在设置防虫网的同时，温室内发现害虫，立即用30%吡虫啉乳油4 000～5 000倍液喷雾防治。

第二节　樱桃番茄—韭菜栽培实用技术

一、樱桃番茄—韭菜对环境条件的要求

（一）樱桃番茄

樱桃番茄比一般番茄耐热。种子发芽的适宜温度为28～30℃，最低发芽温度为12℃左右；幼苗期白天适宜温度为20～25℃，夜间适宜温度为10～15℃；开花期对温度反应比较敏感，尤其在开花前9～5天、开花当天及开花后2～3天时间内要求更为严格。白天适宜温度为20～30℃，夜间适宜温度为15～20℃，温度过低（15℃以下），或过高（35℃以上），都不利于花器的正常发育及开花。结果期白天适宜温度为25～28℃，夜间适宜温度为16～20℃。

樱桃番茄是喜光作物，因此在栽培中必须保证良好的光照条

件才能维持其正常的生长发育。在由营养生长转向生殖生长，即花芽分化转变过程中基本要求短日照，多数品种在11～13小时日照下开花较早，但16小时光照条件下生长最好。

樱桃番茄对水分的要求属于半旱的特点。适宜的空气相对湿度为45%～50%，幼苗期生长较快，为避免徒长和发生病害，应适当控制浇水。第一花序着果前，土壤水分过多易引起植株徒长，根系发育不良造成落花。第一花序果实膨大生长后，枝叶迅速生长，需要增加水分供应。尤其在盛期需要大量的水分供给。

樱桃番茄对土壤的要求不太严格，但以土层深厚、肥沃、通气性好、排水方便而又有相当的水分保持力、酸碱度pH值在5.6～6.7的砂质壤土或黏质土最好。

（二）韭菜

韭菜属耐寒性蔬菜，对温度的适应范围较广，不耐高温。韭菜的发芽最低温度是2～3℃，发芽最适温度是15～20℃，生长适温是18～24℃。露地条件下，气温超过24℃时，生长缓慢，超过35℃叶片易枯萎腐烂，高温、强光、干旱条件下，叶片纤维素增多，质地粗硬，品质低劣，甚至不堪食用。保护地条件下，高温、高湿、弱光照、韭菜叶片的纤维素无明显增加，品质无明显下降。

韭菜为耐阴蔬菜，较耐弱光，属长日照植物。适中的光照强度，光照时间长，使叶色浓绿，肥壮，长势强，净光合速率高，贮存营养多，产量高，品质好。

韭菜喜温、怕涝、耐旱，适宜80%～95%的土壤湿度和较低的60%～70%的空气湿度。韭菜的发芽期、出苗期、幼苗期非常怕旱，必须保持土壤潮湿，含水量不低于80%以上，若缺水，则发芽率低，幼苗极易旱死。若浇水失控，则茎叶增高，幼嫩多汁，极易倒伏，腐烂。

韭菜对土壤类型的适应性较广，在耕层深厚，土壤肥沃，保水、保肥力强的优质土和偏黏质土中，生长最好。韭菜成株耐肥力很强，耐有机肥的能力尤其强。韭菜以吸收氮肥为主，以磷、钾及其他微量元素肥料为辅，韭菜移栽时宜重施基肥，否则，底肥不充足，栽后难以补充，基肥以土杂肥和有机肥为好。施化肥时，氮、磷、钾要配合施用，同时酌情施入锌、铁、硼等微量元素肥料。

樱桃番茄、韭菜种植模式栽培温室可采用高后墙短后坡半地下式日光温室。

二、栽培模式

樱桃番茄：选用红宝石、红珍珠、圣女等耐低温，抗病性强、商品性好的品种。10 月上旬育苗，12 月下旬定植，第二年 2 月下旬上市。采用宽窄行，宽行 80 厘米，窄行 50 厘米，株距 35 ~ 40 厘米，亩栽 2 500 ~ 3 000株。

韭菜：选用高产、优质、抗逆性强、冬季不经休眠可连续生长的嘉兴雪韭、河南 791、韭宝、平韭 2 号等优良品种。第二年 3 月中旬育苗，6 ~ 7 月移栽，当韭菜长到 15 ~ 20 厘米时便可收割。一般情况下收割 3 ~ 4 茬。每次收割时，留茬高度应适当，头刀距鳞茎 4 ~ 5 厘米处下刀为宜，亩产量 5 500千克以上。

三、栽培实用技术

（一）樱桃番茄栽培实用技术

1. 育苗

优质壮苗是丰产的基础。樱桃番茄的壮苗标准是：茎粗壮直立，节间短，有 7 ~ 9 片大叶，叶色深绿，肥厚，叶背微紫，根系发达，株高 20 ~ 25 厘米，茎粗 0.6 厘米左右，整个植株呈伞形。定植前现小花蕾，无病虫害。

冬春茬栽培，苗期在寒冷的冬季，气温低光照弱，日照短，不利于幼苗生长。因此，在育苗过程中，要注意防寒保温，多争取光照，使苗健壮发育。

（1）播期及苗龄。冬春茬樱桃番茄多在温室内育苗，日历苗龄70天左右，如采用地热线加温温床育苗，苗龄可缩短到50天左右。播种期由苗龄、定植期和上市期决定。播种期一般安排在上年10月上旬。

（2）播种前的准备工作。备种：每亩需种子40~50克，提前备好。床土配制：根据自身条件播种床土可采用下述几个配方中1个。

①园田土2/3+腐熟马粪1/3。

②园田土1/3+过筛细炉渣1/3+腐熟马粪1/3（园田土比较黏重时使用，按体积计算）。

③草炭60%+园田土30%+腐熟鸡粪10%（按体积比）。

④炭化稻壳1/3+园田土1/3+腐熟圈粪1/3（按体积比）。营养土配制好后也可装制营养钵，紧密排列于苗床中，进行护根育苗。

分苗床土的配比为：肥沃园田土6份，腐熟有机肥4份。床土的用量要求是，播种床厚度为8~10厘米，每平方米苗床约需土100千克；分苗床土为厚度10~12厘米时，每平方米苗床约需土140千克。一般栽培1亩需用播种床5平方米，分苗床50平方米。与此同时，必须进行床土消毒，用40%甲醛300~500倍液喷撒床土，翻一层喷一层，然后用塑料薄膜覆盖，密封5~7天，揭开晾2~3天气味散尽后，即可使用。

（3）种子消毒与浸种催芽。种子消毒：消灭种子内外携带的病原菌，减少发病的传染源。通常采用温烫浸种。其方法是：先将种子在凉水中浸泡20~30分钟，捞出后放在50~55℃热水中不断搅拌，随时补充热水，使水温保持50℃左右，浸种20~30分钟，待降至室温后，再浸种4~5小时，捞出用布包好，催芽。

催芽：种子发芽适温为20~28℃。用湿润的毛巾或纱布包好，放到发芽箱、恒温箱或火炕附近，在25～30℃下催芽。在催芽过程中，每天用温清水冲洗种子1～2次，当大部分种子露白时，即可播种。

（4）播种。樱桃番茄种子催芽后，晾干种子外面的水分，在播种床中浇足底水。待水渗后，在床上再撒一薄层细床土，将种子均匀地撒在床面上，然后盖过筛的细土1厘米左右。

（5）苗期管理。温度管理：见表3－1。

表3－1　樱桃番茄苗期的温度管理

生长期	白天苗床气温（℃）	夜间苗床气温（℃）	地温（℃）
播种至齐苗（3～4天）	28～30	24～25	20
齐苗至移苗前	20～25	15～18	12～20
移苗至缓苗前	25～28	20	20
缓苗至植前1周	20～25	13～15	18～20
定植前1周	15～18	8～10	15

水分管理：整个育苗期要严格控制浇水，不浇大水，空气湿度不超过70%。

分苗：在1～2片真叶时适当间苗，在2～3片真叶时分苗。分苗密度为10厘米×10厘米或8厘米×10厘米，也可直接分到营养钵内。分苗时浇透水，以后视土壤墒情再浇水。

切方与囤苗：除采用营养钵育苗外，在营养方上育苗的，定植前5～7天浇透水，按分苗时的株、行距切方块，并围土囤苗。

2. 定植

（1）定植前准备。定植前15～20天扣膜，提高地温。每亩施入充分腐熟的有机肥5 000千克以上，过磷酸钙50千克，磷酸二铵40千克，深翻后做成宽窄行，宽行80厘米，窄行50厘米，地膜覆盖。准备好后于定植前3~4天进行温室消毒。其方法是，用硫黄粉、敌敌畏、百菌清和锯末，按（0.5~1）：1：0.25：5的比例混合，点燃熏烟，密闭48小时后，通风24小时即可。

（2）定植期。棚内10厘米深土层地温稳定通过8℃以上，即可定植，日光温室冬春茬宜选在12月下旬定植。

（3）定植方法。破膜点水定植，垄两边栽植两行，株距35~40厘米。有限生长类型株距25~30厘米，每亩保苗3 000~3 500株。由于搭架栽培，种植密度宁稀勿密。无限生长类型，每亩保苗2 500~3 000株。

3. 定植后管理

（1）温湿度管理。定植初期，为促进缓苗，不放风，保持高温环境，白天25~30℃，夜间15~17℃。缓苗后，开始放风调节温湿度，白天20~25℃，夜间15~17℃，空气湿度不超过60%。每次浇水后，应及时放风排湿，防止因湿度过高发生病害。

（2）水肥管理。缓苗后，点水定植的要补浇1次小水，然后开始蹲苗。当第一、第二花穗开花坐果后，结束蹲苗，浇1次小水，同时追施人粪尿1 000千克。1周后再浇1次水，以后视土壤、天气和苗情及时浇水，保持土壤见干见湿，并隔1~2水追1次尿素，每亩10~15千克。

（3）植株调整。单干整枝，及时去除分杈。用尼龙绳吊蔓，由于采收期长，尼龙绳一定要牢固，不易老化。根据栽培要求，每8~10穗果摘心，或随时落秧盘条，使其无限生长。

及时疏除底部老叶，坚持疏花疏果。一般品种（圣女）每穗留果不超过25个，也有的品种每穗留果10~15个，及时掐去果穗前的小花。

（4）激素保花。用15毫克/千克的2,4-D蘸花或40毫克/

千克的防落素喷花，是防止花前落花的有效方法。但一定要注意不重复蘸花，且随温度升高逐渐减小浓度，整个生长期均进行激素处理，否则易形成空穗或小果。

4. 采收

樱桃番茄采收费工，一般不需人工催熟，根据需要随时采摘不同熟期的果实。

5. 主要病虫害防治

（1）早疫病：苗期、成株期均可染病，主要侵害叶、茎、花、果。叶片上病斑初期，呈水渍状褐色斑点，扩大后呈圆形，有同心轮纹，潮湿时产生黑色素，茎上多在节处形成褐色椭圆形凹陷斑，叶柄受害，生成椭圆形轮纹斑，深褐色或黑色，一般不将茎包住，果多发生于果蒂处，形成褐色凹陷斑块，有轮纹，易造成落果。

防治方法：

①加强管理。播种前，进行种子消毒，用50～55℃温水浸泡15～20分钟。栽培上合理密植，实行3年以上轮作。温室内加强通风、降温排温，避免高湿环境。

②药剂防治。生育期内连续用药防治，可喷施58%甲霜灵，或代森锰锌500倍液，64%杀毒矾400倍液，75%百菌清可湿性粉剂600倍液，50%扑海因1 000～1 500倍液，于发病前用药，每7天1次，连续喷3～4次。

（2）叶霉病：主要为害叶片，严重时也为害茎、花和果实。发病初期，叶面出现不规则形或椭圆形淡黄色病斑，叶背病部着生褐色霉层，后期布满叶背，变为黑色，叶正面出现黄色病斑，叶片由下向上枯黄卷曲，植株枯黄，果上染病常绕果蒂形成圆形黑色凹陷硬斑，潮湿时出现褐色霉层。

防治方法：

①加强管理。保护地内采用生态防治法，加强棚内温湿度管理，适时通风，适当控制浇水，浇水后及时排湿，及时整枝打

杈，实施配方施肥，避免氮肥过多，提高植株抗病能力。

②药剂防治。发病初期，用45%百菌清烟剂每亩每次250～230克，熏1夜；或于傍晚喷洒7%叶霉净粉尘，5%百菌清粉尘，每亩1次1千克，8～10天喷1次，连续或交替轮换使用；50%多菌灵粉剂500倍液，50%甲基托布津500倍液，50%扑海因1 500倍液，每7～10天喷1次，共3～4次，注意喷洒叶背面。

（3）蚜虫：成虫及幼虫刺吸汁液，造成叶片卷缩变形，生长缓慢，而且还传播多种病毒病，造成的为害远远大于蚜害本身。为害番茄的主要是桃蚜，桃蚜对黄色、橙色有强烈趋性，对银灰色有负趋性。

防治方法：

①温室挂条。温室风口处张挂银灰膜条驱蚜。

②棚室置色板。每亩棚室设置30块，15厘米×20厘米的橙黄色板条，板上涂10号机油或治蚜常用的农药，诱杀成虫，机油黄板诱满蚜后要及时更换。

③苗床喷药治蚜。做到带药定植，田间连续消灭蚜虫。可用50%～80%敌敌畏乳油1 500～2 000倍液，20%灭扫利乳油2 000倍液，2.5%天王星乳油3 000倍液等药剂。

（4）温室白粉虱：俗称小白蛾子，以成虫和若虫吸食植物汁液，被害叶片褪绿、变黄、萎蔫，甚至全株枯死。分泌蜜露引发煤污病，使蔬菜失去商品价值。

防治方法：

①温室消毒。定植前温室内彻底熏杀残余虫口，清理杂草残株，在通风口处密封尼龙纱，控制外来虫源。

②张挂黄板或机油条。室内每亩张挂32～34块0.2米宽长条，长条用油漆涂为橙黄色，再涂1层机油，当白粉虱沾满板面时，需及时重涂机油，7～10天重涂1次。

③药剂防治。10%扑虱灵1 000倍液，2.5%天王星3 000倍液，同时使用既杀成虫又杀若虫和卵，连续使用2～3次，效果较好。

（二）韭菜栽培实用技术

1. 品种选择

选用冬季不经休眠可连续生长的优良品种。

2. 直播养根

早春土壤化冻以后，一般于3月中旬至4月上旬播种。每亩撒施腐熟有机肥5 000～8 000千克，深翻耙细耙平，做1.2～1.6米宽的畦，然后在畦内按35厘米行距开沟，沟深10厘米，将种子均匀地撒在沟内，覆土（田土加50%有机肥）1.5厘米厚并稍加镇压，随即顺沟灌水。畦面用旧薄膜或地膜覆盖起来，以保持水分和提高地温，有利于出苗。

出苗后撤掉薄膜，保持土壤见干见湿，发现杂草及时拔除。每次灌水或降雨后，待表土稍干时，中耕松土，到伏雨季节要注意排水防涝。直播养根的韭菜，若发现幼苗密度大，可以及早结合灌透水间苗。

3. 移栽定植

移栽应在6～7月进行完毕，这样有利于早缓苗早壮根。整地施足有机肥，每亩施5 000千克有机肥作底肥，按行距30～35厘米开穴。株距根据不同的密度要求来确定，一般露地生产亩栽苗10万株，保护地生产密度可增至每亩20万～30万株，以高密度来获高产。栽完苗灌大水，过几天表土见干时，应及时中耕2～3次，蹲苗保墒。雨多时要注意防涝排水。及时清除田间杂草。

秋冬连续生产韭菜养根技术措施与休眠后扣棚盖韭生产的最大区别是：粪大水勤，促其迅速生长，多积累养分，培养粗壮的根株。夏秋之际不收割。立秋前适当控制水肥控制长势，防止倒伏腐烂，立秋后天气变凉，要加强肥水管理，促进韭菜快速生长，一般追肥2～3次，5～7天浇1次水，结合浇水每亩追施磷酸二铵50千克或饼肥200千克。扣温室前达到收割标准即可收割出售，一般扣膜前7天左右收割，但是要尽量浅割，割后还要及时追肥，叶片萌发转绿时再浇水，并及时松土培垄。

4. 适期扣膜

秋冬连续生产韭菜，适期扣棚非常重要。过早扣膜，生长迅速，产量高，易早衰，经济效益低，扣得晚会使韭菜转入被动休眠，导致扣棚后生长缓慢。扣棚的适期是在当地初霜后最低气温降至－5℃以前，一般以10月中下旬至11月上旬。

5. 扣膜后的管理及收获

秋冬连续生产韭菜扣膜时，当时气温较高，初扣上膜时一定不要扣严，应揭开棚室底脚围裙昼夜放风，避免徒长。随着外温下降，逐渐缩小放风口和放风时间，直至扣严固定好膜。白天控制适温为18～28℃，夜间8～12℃。天气逐渐变冷，夜间要加盖纸被草苫。当韭菜长到15～20厘米时便可收割，收割后刨松垄沟，耙平地面，提高室温，叶片变绿后放风降温，保持适温，促进生长，株高1厘米左右再亩追施硫酸铵40～50千克，培垄灌水。收割前培1次垄浇1次水。因室内经常浇水，湿度较大，应注意防治灰霉病，可在每次浇水后用速克灵烟剂熏棚预防。发病初期用药剂防治。

秋冬连续生产韭菜，收割期为10月至12月末，收完刨除韭根进行果菜类生产。每次收割时，应留茬高度适当，因为假茎留得高，有利于下一茬的生长。一般掌握，头刀距鳞茎4～5厘米处下刀，以后每刀抬高1厘米。留茬过低，影响下茬的长势和产量；留茬过高，降低当茬的产量。最后一次收割，因割完刨除韭根，可尽量深割。

6. 病虫害防治

（1）灰霉病：因温室内经常浇水，湿度较大，应注意防治灰霉病。灰霉病是保护地韭菜的重要病害，主要为害叶片。发病初期在叶正面或反面产生白色至浅灰褐色斑点，由叶尖向下发展，病斑扩大后呈梭形或椭圆形，严重时病斑连成片，失去食用价值。潮湿时，病叶上出现灰色或灰绿色的绒毛状霉层。低温高湿是该病发生的重要条件。

防治方法：

①收割时及时清除残留病叶，采取田外深埋或烧毁。

②韭菜发芽长出地面 5 厘米时喷药 1 次；10 ~ 15 厘米再喷药 1 ~ 2 次。使用药剂有 50% 扑海因可湿性粉剂 1 000倍液，或 50% 速克灵可湿性粉剂 1 200倍液，或用特立克 800 倍液。喷药防治时，叶面、地面都要周到细致地喷到。

（2）疫病：疫病是夏季高温多雨环境下为害韭菜的一种严重病害。主要为害叶鞘、叶片、鳞茎和根。叶片感病后多从中下部开始，产生暗绿色水渍状病斑，向上蔓延，全叶变黄软烂。叶鞘受害，呈水渍状浅褐色软腐。

防治方法：

①雨季排涝，避免田间积水。

②韭菜田密度大，要搭支架，把韭叶搭到架杆上晒根，降低田间湿度。

③发病初期用 40% 乙磷铝可湿性粉剂 300 倍液，或用 58% 甲霜灵锰锌 500 倍液或 64% 杀毒矾 400 ~ 500 倍液喷雾防治。

（3）韭蛆：成虫外形像小蚊子，体黑色。幼虫体细，长 6 ~ 7 毫米，头黑色。一般露地韭菜每年 5 月、10 月是韭蛆的两个为害高峰期。保护地生产扣膜后，地温回升就会为害。幼虫群聚在韭菜地下部的嫩芽和根茎部蛀食为害，导致根茎腐烂，叶片发黄下垂，直至整株死亡。

防治方法：首先要施用充分腐熟后的有机肥，因为成虫产卵时有趋臭性。也可采用水淹法，若田间积水半天韭蛆可窒息死亡。最根本有效的办法是春季韭菜萌芽前开沟浇灌20%溴氰菊酯3 000倍液，或用75%辛硫磷800倍液，或用90%敌百虫1 000倍液，灌后封沟闷杀。

第三节　越冬茬辣椒栽培实用技术

一、辣椒对环境条件的要求

辣椒在15～34℃的温度范围内都能生长，最适宜温度是白天23～28℃，夜间18～23℃。白天27℃左右对同化作用最为有利。种子发芽适温25～30℃。苗期要求较高的温度，白天25～30℃，夜间15～18℃最为有利，幼苗不耐低温。开花结果初期适温是20～25℃，夜间15～20℃，低于10℃不能开花。辣椒怕热，气温超过35℃容易落花落果，如果湿度过大，又会造成茎叶徒长。温度降到0℃时就要受冻。根系生长的适温是23～28℃。

辣椒对光照的要求因生育期不同而异：种子发芽要求黑暗避光，育苗期要求较强的光照，生育期要求中等光照强度，比番茄、茄子都要低。

辣椒对水分要求严格，既不耐旱也不耐涝，喜欢较干爽的空气条件。单株需水量并不多，但由于根系不太发达且吸水能力较弱，因而其耐旱性不如茄子、番茄。特别是大果型品种，对水分的要求更为严格。辣椒水淹数小时后植株就会出现萎蔫，严重时死亡。土壤相对含水量80%左右，空气相对湿70%～80%时，对辣椒的生长有利。所以，栽培辣椒时，土地要平整，浇水和排水都要方便，通风排湿条件一定要好。

越冬茬辣椒生产上采用冬暖半地下式土厚墙日光温室。

二、栽培模式

越冬茬辣椒选用耐长期栽培、耐低温和产量高的品种。8 月上旬育苗，9 月上旬定植，12 月中旬至来年 6 月中下旬收获上市。大行距 80 厘米，小行距 50 厘米，穴距 45 厘米，每亩栽苗 2 000～2 200株。每株可结果 5～10 千克，亩产达 10 000千克左右。

另外，利用 6 月下旬至 8 月上旬的温室空闲季节，可加种一茬抗热夏白菜或夏丝瓜等。

三、栽培实用技术

（一）辣椒栽培实用技术

1. 品种选择

越冬茬辣椒选用耐低温弱光，产量高，耐贮运，商品性好，抗病力强的品种。如迅驰（37－74）、日本长川等高产优质辣椒品种。

2. 育苗

（1）营养土及苗床育苗。

①营养土及苗床准备。营养土配制按 4 份充分腐熟有机肥料加 6 份无病园土，敌百虫 80 克，多菌灵 100 克。达到苗床土要求的传染性病原菌、害虫含量少，富含腐殖质及可供给态的矿质元素，中性或微酸性，有高度持水性和良好透气性，干燥时土壤不板结。然后用旧塑料膜盖严，堆放 3～5 天后，揭开待气味散尽后过筛装营养钵，整齐紧密地排列于苗床内。

②浸种催芽。浸种时先将种子用 100 克/千克磷酸三钠溶液消毒 20 分钟，再用清水淘洗干净后，将种子倒入 55℃热水中搅动，待水温降至 30℃时浸泡 8～12 小时，浸种结束后，将种子淘洗干净，用湿布包好，放于 25～30℃的环境中催芽，每天淘洗 1 次，经 4～5 天即可发芽。

③播种。越冬茬辣椒在 8 月上旬播种。由于此时正处于高温

多雨季节，因此育苗地需遮阴防雨。播种前苗床浇足底水，待水下渗后将已催芽种子均匀撒播于营养钵内，上覆厚1.0～1.5厘米的营养土，并覆盖地膜保墒。幼苗出土后，及时揭掉地膜，以免烫伤辣椒苗。

④苗期管理。温度管理：播种后土温保持28～30℃。当幼苗拱土时降到27～28℃，夜间土壤最低温度保持18～20℃，以促进出苗。幼苗出土后白天的最高气温应维持在25～28℃，以增加子叶的叶面积；夜间可由20℃逐步下降到15～17℃（即缓降3～5℃）。土壤温度仍要保持在20℃左右。苗床中午前后阳光强时用遮阳网覆盖降温，雨前要用塑料薄膜覆盖防雨。

湿度管理：辣椒苗不耐旱也不耐涝，湿度过大则苗子生长旺盛，育苗期缩短；土壤干旱，则苗生长慢，叶柄中央弯曲下垂；长期多水则下部叶易黄化脱落。一般维持1～2片心叶淡绿色为宜。低温期一般中午补小水，高温期多在早晚浇水（用喷壶撒水）。

其他管理：一是增强光照，适当间苗，洁膜，多揭帘；二是多通风降湿防病；三是“带帽”苗傍晚喷水或人工脱帽；四是高温期注意防治蚜虫等害虫。

炼苗：定植前一周控水、降温，增强秧苗抗逆性。

壮苗标准：一般苗龄45～50天，苗茎高18～25厘米，有完好子叶和真叶9～14片，平均节间长1.5厘米，叶色浓绿，大且厚，阔椭圆形，现小花蕾，根系洁白等。

（2）集约化穴盘育苗。

①设施消毒：一是温室消毒。亩温室用1.65千克甲醛加入8.4千克开水中，再加入1.65千克高锰酸钾，产生烟雾反应。封闭48小时消毒，待气味散尽后即可使用；二是穴盘消毒。用40%甲醛100倍液浸泡苗盘15～20分钟，然后覆盖塑料薄膜，密闭7天后揭开，清水冲洗干净。或用0.1%的高锰酸钾溶液浸

泡苗盘10分钟。

②基质配制与装盘：选用优质草炭、蛭石、珍珠岩为基质材料，三者按体积比3∶1∶1（或7∶2∶1）配制，然后每立方米加入1千克复合肥、0.2千克多菌灵，加水使基质的含水量达50%～60%。穴盘使用540毫米×280毫米×60毫米（长×宽×高）105孔穴盘。将备好的基质装入穴盘中，稍加振压，抹平即可。催芽播种同营养土育苗。

3. 定植

（1）整地施肥：前茬作物最好在6月底至7月上旬收完，清除残枝落叶，深翻，使土壤充分暴晒熟化，每隔15～20天翻一次，定植前10天每亩施充分腐熟的农家肥10 000千克、磷酸二铵30千克、过磷酸钙100千克、硫酸钾复合肥20千克，深翻细耙。

（2）起垄铺膜：南北向起垄，大小行定植，垄宽80厘米，沟宽50厘米，垄中央开深、宽各15厘米的浇水沟，垄高15厘米。做好垄后，用5%菌毒清100～150倍喷温室内各表面一遍。盖好膜，密闭温室烤棚，达到升高地温，杀菌灭虫，熟化土壤的作用。

（3）定植：一般每亩保苗2 000～2 200株，定植应选晴天下午进行，可避免定植后失水萎蔫。每垄双行定植，用10厘米×10厘米的移苗器按45厘米株距打穴，浇水，待穴内水下渗一半后，将带土坨苗放入穴内，保持坨面与垄面相平，每穴施药土50克（50%多菌灵1.5千克拌细土600千克），然后用土封严。

4. 田间管理

（1）温度及通风管理。定植后随着外界气温的降低，管理上注意防寒保温，白天温度控制在25～28℃，夜间18～20℃。白天温度超过30℃要及时通风换气，夜间温度要保持在14℃以上。进入冬季，尤其在12月至第二年元月正处于辣椒开花结果期，若温度过低易引起落花落果，即使植株结果，也由于温度太低，发育速度较慢，这段时间是日光温室越冬茬辣椒生产的关键时期，一定要注意保温。冬季阴天适当晚揭早盖少通风。下雪时及时清扫积雪，中午适当揭帘见光。也可草帘外盖一层塑料膜，提高保温能力，防雨雪打湿草帘。久阴、雪天后突然放晴，要揭花苫，遮花阴，回苫喷水，不通风，或喷药加叶面肥。开春随气温升高，应加大通风量和放底风，夜间逐渐减少草帘，当外界最低气温稳定在15℃时揭开前底脚昼夜通风。

（2）光照管理。应早揭帘、晚盖帘，尽量延长光照时间；阴雪天揭帘争取散射光照；及时清洁膜面，增加透光率。

（3）水肥管理。定植3天后浇透缓苗水，以后只浇暗灌沟，门椒坐果前一般不需浇水，当门椒长到3厘米左右时结合浇水进行第一次追肥，每亩施尿素10千克，磷酸二铵20千克，或腐熟沼液2 000千克，中期要适当增施鸡粪等有机肥，减少化肥使用量，提高产品的质量。鸡粪应充分腐熟并在施前一周进入发酵池，灌水时随水冲施。灌水应遵循浅灌、勤灌、早上灌的原则，并随温度变化来确定灌水间隔期。浇水应在晴天上午进行，低温期膜下暗灌，浇水量少，浇水后及时通风降湿；高温期可明水暗水结合进行。辣椒不宜大水漫灌，一般要求小水勤浇，维持土壤湿润，即浇水要见干见湿，切忌大水漫灌造成湿度过大或怕发病而不灌造成落花、形成僵果。

（4）植株调整。

①牵绳。首先在垄两侧植株的上方拉两道南北向的铁丝。再用粗而韧的吊绳，上头绑于铁丝，下头绑于主枝上。

②整枝。双杈整枝法：主茎上第一次分杈下的侧枝要全部去掉，2个一级分枝分出的4个二级分枝全部保留，以后再发出的侧枝只选留一条粗壮的作结果枝，其余侧枝全部剪除。结果中后期，及时去除下部老病叶、无效枝、徒长枝，改善通风透光

条件。

③合理使用生长调节剂：一是用2.5%的坐果灵1毫升加清水1.25千克，也可用1%防落素水剂，对水330～500倍液，在下午闭棚之前用手持小雾器，将稀释好的药液对花和幼果一起喷洒，5～7天喷1次，保花保果、提高坐果率（注意不要喷到植株生长点）。二是在整个结果期应注重叶面肥和其他微肥的施用，以提高产量，改进品质。

5. 病虫害防治

病害主要有猝倒病、病毒病、炭疽病、疫病、灰霉病、疮痂病，虫害主要有蚜虫、白粉虱、潜叶绳等。

病虫害防治应以预防为主，确保产品安全。

①合理轮作倒茬，高温浸种杀菌。

②温室风口设置防虫网，阻止蚜虫等害虫入侵。

③温室灭菌。扣棚后定植前密闭温室，高温杀菌；或每亩用80%敌敌畏200克拌上锯末、45%百菌清烟剂250克，分10处点燃熏蒸12小时。

④采用膜下暗灌。降低温室湿度，减少叶面结露，减轻病害发生。

⑤黄板诱杀斑潜蝇、白粉虱、蚜虫等害虫。

药剂防治：病毒病以防蚜为主，药剂用病毒A400倍液、植病灵800倍液喷雾；疮痂病用农用链霉素200～300毫克/升的溶液或65%代森锌600倍液，每7～10天1次，连续2～3次；猝倒病、炭疽病、疫病、灰霉病，可采用75%百菌清500倍液或50%多菌灵800倍液，代森锰锌500倍液或50%扑海因800倍液交替喷雾。虫害可用功夫、乐斯本、虫螨克、溴氰菊酯等药剂防治。

6. 采收

一般门椒适当早摘，以防坠秧。其他层次上的果实宜在商品成熟后尽快采收，以促进营养向其他果实运输。中后期出现的僵果、畸形果、红果要及时采收。采收时防止折断枝条，以保持较高的群体丰产特性。

（二）夏白菜栽培实用技术

夏白菜于夏、秋之间上市，此时正值蔬菜供应淡季，效益颇高。因为夏白菜发芽期、幼苗期处于炎热的夏季，此期高温多雨，日照长，病虫害发生严重，所以在种植夏白菜时，一定要选准品种，采取适当的管理措施，才能取得较好的效益。

1. 品种选择

要选择生长期短、结球紧实、品质良好、抗热、抗病的品种。6 月上旬到 7 月上旬之间播种的可选用豫园 50、夏优 1 号、夏优王等品种。

2. 整地施肥

夏白菜生长旺盛，对水肥需求量大但不耐涝，生产上应采取重施基肥、高垄种植的栽培方式。一般每亩施腐熟有机肥 3 000 ~ 4 000千克、磷酸二铵 40 ~ 50 千克。施肥后精细整地，做成高垄，垄高 15 ~ 20 厘米、垄距 50 厘米。

3. 播种

大白菜播种分条播和穴播两种，条播每亩用种量为 150 ~ 200 克，穴播用种量为 100 ~ 150 克。播种密度要求行距 50 厘米、株距 43 ~ 45 厘米，每亩栽 3 000株左右。同时，要在温室前屋面的中下部通风处围上防虫网。播种时，土壤墒情差的一定要先浇足底墒水再播种。

4. 田间管理

夏白菜生育期短，生产上宜采用一促到底的管理方式。幼苗期要及时间苗、定苗、补苗，及时浇水、松土，天气干旱无雨的情况下每隔 2 ~ 3 天浇 1 次小水，遇雨天田间有积水时要及时排出，防止秧苗受渍感病。莲座期以促为主，促控结合，在白菜不旺长的情况下加强肥水管理。结球期以追肥为主，结合浇水追施人粪尿或磷酸二铵2~3次。一般每亩施人粪尿2 000~3 000千克或磷酸二铵20~30千克。

5. 病虫害防治

夏白菜病虫害发生较重，一定要早发现早防治。夏白菜主要病害是霜霉病和软腐病。对霜霉病可用40%乙磷铝可湿性粉剂150~200倍液或75%百菌清可湿性粉剂500倍液喷洒；对软腐病可用100~150毫克/升农用链霉素喷洒。间隔7天左右喷施1次，连喷2~3次。虫害有蚜虫、菜青虫等，可用4.5%高效氯氰菊酯1 000~1 500倍液防治。

6. 及时采收上市

夏季大白菜长至七八成时即可采收，具体采收时间还可根据市场情况和下茬瓜菜种植时间而定，争取在大白菜价格较高时采收上市，以便取得较大的经济效益。

(三) 夏丝瓜栽培实用技术

夏植丝瓜的采收期正逢蔬菜秋淡季节，鲜瓜上市价格稳定，经济效益好。因此，菜农应合理安排播期，加强肥水管理，确保夏丝瓜品质产量，满足市场消费者的需求，从而获得增产增收。另外，夏丝瓜的栽培管理与春秋丝瓜有所不同，存在着蔓叶易发生徒长、开花结果迟缓等现象，栽培上应注意把握好以下几个问题。

1. 选择良种

选择适宜夏季栽培的耐热、早熟、丰产的品种。如夏优丝瓜、新夏棠丝瓜、丰抗丝瓜、雅绿一号、秀玉丝瓜等。

2. 育苗移栽

夏丝瓜不宜直播，于5月上旬应选择排水良好的田块育苗移植。将丝瓜种子用清水浸种8~10小时后捞起沥干即可播种。播种方法常用的有塑料营养杯和育苗盘育苗，营养土应采用新土或未种过瓜类的菜园土。播种时每穴播1粒种子。幼苗移植前，要适当控水制肥，培育壮苗。

3. 整地定植

（1）整地：于6月中下旬辣椒拉秧后整地施肥，亩施土杂肥2 000千克、复合肥50千克。起畦种植，畦面宽1.2～1.5米，沟宽30～40厘米。

（2）定植：夏丝瓜栽培采用双行定植，行、株距为（70～80）厘米×50厘米，以亩植1 700株左右为宜。幼苗具2～3片真叶时即可移植大田。

4. 田间管理

（1）蔓叶整理：当蔓长30厘米时可插竹（或绑尼龙绳），插人字架。插架后，不要马上引蔓，要适当窝藤、压蔓，有雌花出现时再向上引蔓，并使蔓均匀分布。在生长中后期，适当摘除基部的枯老叶或病叶，在蔓叶生长过旺情况下，可以在上、中、下不同部位间隔摘除部分叶片，或在蔓叶生长过密的位置摘叶，有利于通风透光或减少病虫害。

（2）及时理瓜：在开花结果期间，当发现小瓜搁在叶上、篱架上，瓜蔓间或被卷须缠绕，需要及时加以整理，使之垂直悬挂棚架内，同时应清除病瓜，以免传染病害。

（3）合理施肥：施肥总的原则是：勤施薄施，结瓜前控制水肥，结果后及侧蔓盛发时施重肥，并重视磷、钾肥的施用。

施足有机肥，适施化肥。有机肥足，丝瓜长得直而长，否则易造成瓜条畸形。移栽后5～7天亩用1∶10淡粪尿水1 500千克淋施，以促进茎叶生长。以后至开花结果之前施肥依苗情而定：幼苗长势旺盛，浓绿，可以少施或不施肥；长势弱，每隔15天左右每亩淋施4～6千克复合肥浸出液1 500千克或1∶10淡粪尿水1 500千克。结果后，每隔5～7天追肥1次，每次亩施复合肥10～15千克；盛收期间，施肥量应增加1～2倍，并加施草木灰每亩50～100千克1～2次。

（4）水分管理：丝瓜全生育期需水较多，生长前期应保持土壤湿润，植株开花结果期间，需水最多，根系也较强，需加强灌溉。丝瓜既需水，但也忌积水，灌水时应即灌即排，不漫灌，尤其是在雨天，更应注意排水，以防畦面积水。

5. 病虫防治

（1）病害防治：猝倒病用70%敌克松300倍液、75%百菌清800倍液或甲基托布津800倍液防治；疫病用72%克露800倍液或70%代森锰锌800倍液防治；霜霉病用58%瑞毒霉600倍液或72%克露750倍液防治；白粉病用20%粉锈宁2 000倍液防治；炭疽病用70%甲基托布津800～1 000倍液或50%多菌灵1 500倍液防治。

（2）虫害防治：瓜绢螟用1.8%虫螨克2 000倍液或苏云金杆菌制剂等防治；瓜实蝇用48%乐斯本1 000倍液、90%敌百虫1 000倍液或80%敌敌畏1 000倍液防治；蚜虫用10%吡虫啉1 500倍液防治

6. 及时采收

夏丝瓜从种到初收35～45天，要根据市场和下茬种植安排，及时采收。

第四节　冬春茄子—夏白菜—秋延迟黄瓜栽培技术

一、茄子对环境条件的要求

茄子是喜温蔬菜，比较耐热而不耐寒，适宜生长的温度20～30℃，结果期要求25～30℃，低于17℃或超过35℃生育迟缓，授粉不良；低于10℃生长停滞，代谢失调；5℃以下即受冻。

茄子对日照长短反应不敏感，只要在温度适宜的条件下，不论春夏或秋冬季都能开花结果。但茄子对光照强度要求较高，如

果光照不足，植株生长就不良，光合作用减弱，产量下降，而且色素不易形成。

茄子虽然根系发达，但由于分枝多、叶面积大、蒸腾作用强、需水量大、不耐旱，尤其在开花结果期不能缺水，应保持土壤湿度在 80% 左右。茄子喜欢水但又怕涝，如果地下水位高，排水不良容易烂根；雨水多，空气湿度大，授粉困难，落花落果严重，所以春夏秋季要注意排水。

茄子对土壤要求不严，但以富含有机质、疏松、排水良好的壤土为好，pH 值为 6.8 ~7.3 为宜。茄子比较耐肥，又以嫩果为产品，对氮肥要求较高，钾肥次之，磷肥较少。此外茄子容易出现缺镁症，缺镁时会妨碍叶绿素的形成，叶脉周围变黄，所以应补充镁肥。将有机肥、化肥搭配施用，以满足植株生长对各种营养元素的需要。

二、栽培模式

冬春茄子 10 月初播种育苗，12 月定植，第二年 2 月中旬上市，6 月底收获结束，亩产 4 000 千克左右；夏白菜 6 月底至 7 月初播种，8 月中旬采收上市，8 月底收获完毕，亩产 2 500 千克；秋延迟黄瓜 7 月下旬至 8 月初育苗，8 月底移栽定植，10 月中旬采收上市，元旦之前收获结束，亩产 3 500 千克左右。

此种植模式蔬菜上市时间正值淡季、中秋、元旦节日，因此市场价格较高，能取得较好的收益。

三、栽培实用技术

（一）冬春茄子栽培技术

1. 品种选择

选用早熟、耐寒性强，结果期既耐低温又耐高温、高湿，高产和抗病能力较强的品种。果形和果色应与当地或消费地习惯一致。圆茄品种有天津快圆、北京六叶茄、北京七叶茄、豫茄 2 号等。卵圆形茄子品种有鲁茄 1 号、西安早茄、荷兰瑞马、辽茄 2

号、紫奇等。长茄品种有黑亮早茄 1 号、湘茄 3 号、紫红茄 1 号、新茄 4 号等。

2. 育苗

实行营养钵育苗，在 9 月下旬至 10 月上旬开始育苗，培育出植株高 20 厘米左右，真叶 6 ~ 8 片，门茄现蕾，根系发达的壮苗。12 月中旬定植，翌年 2 月上中旬开始采收。

（1）种子处理。先晒种 3 ~ 4 天，后用药剂 1% 高锰酸钾浸种 10 ~ 20 分钟，再用温汤 50 ~ 55℃温水浸 15 ~ 20 分钟，水温降至 25 ~ 30℃，浸泡 6 ~ 8 小时后，捞出洗净在 28 ~ 30℃下进行变温催芽，20℃经 16 小时，30℃经 8 小时，3 ~ 4 天，种子破口稍露白尖时即可播种。

（2）播种。播种前苗床灌水不宜过大，以浸透 10 ~ 12 厘米土层为易，每钵点播 1 粒种子，最后覆土 0. 4 ~ 0. 8 厘米厚，随即扎小拱棚保护，每亩用种量为 20 ~ 25 克，温度白天维持在 25 ~ 30℃，夜间 17 ~ 20℃。

（3）苗期管理。在苗 4 片真叶前一般不需要灌水和追肥，4 片真叶后，要适当洒水。从出苗后至定植前 7 天，温度白天 22 ~ 28℃，夜间 16 ~ 20℃，在定植前 7 天内，要适当降低温度，白天 20 ~ 25℃，夜间 15 ~ 18℃。

3. 定植

定植前 5 ~ 6 天对苗床喷洒防病，可用 75% 百菌清 600 倍液，防虫药 1. 8% 阿维菌素乳油 2 500 ~ 3 000倍液。

（1）定植准备：棚内要清理干净，每亩施充分腐熟的基肥 10 方左右，过磷酸钙 40 ~ 50 千克。定植前 5 ~ 10 天，高温闷棚 3 ~ 4 天。

（2）定植密度：按大行距 80 厘米，小行距 50 厘米，株距 30 ~ 35 厘米，每亩定植 3 000 ~ 3 500 株，定植时浇底水，覆盖地膜。

（3）定植方法：选择晴天上午进行。按一定的株距先在覆膜的垄上打穴，在穴内浇温水，而后坐水栽入苗坨。覆土后土坨在地面下 1 厘米左右为宜，浅了不好，深了也不利于发根。为了创造更有利于茄子早长、早发的条件，定植后要扣小拱棚。

4. 定植后管理

（1）定植后至始花着果期的管理，重点是防寒保温，缓苗期一般不浇水，温度白天 30～32℃，夜间 15～20℃，定植后要结合培土加强中耕。从门茄花开放至门茄果商品成熟需 23～27 天，这一时期温度维持在白天 21～23℃，夜间 15～20℃促进茎枝，叶片生长壮旺，蕾花发达，壮旺而不徒长。在门茄坐住前，一般不浇水，门茄坐住后，果实有核桃大时应浇一次水，并结合浇水亩施尿素 20～30 千克。茄子开花后用 2,4-D 激素处理花，提高坐果率，2,4-D 对水 1.5～2 千克，加入少量广告色。门茄坐住后要及时整枝打杈。

（2）结果期的管理：外界气温逐渐升高，茄子进入盛果期，此时要加强通风，防止高温、高湿伤害，水肥管理同时也要加强。进入盛果期一般 7～10 天浇 1 水，同时冲施化肥，每亩用磷酸二铵 20～25 千克，或硝酸铵 20 千克加过磷酸钙 30 千克。当地日平均气温稳定在 15℃后，温室可昼夜通风时，可结合浇水冲入 1 次粪稀，每亩用 1 500千克，同时开始喷用天然芸薹素，或天达 2116 等，它们对防止植株早衰、延长结果大有好处。冬春茄子栽培密度大，应进行整枝打杈，整枝可以提早上市，大幅度地增加前期产量。双干整枝植株养分集中，果实发育好，商品率高，即使在大肥大水管理之下也不会出现茎叶疯长的现象，是目前日光温室栽培的主要整枝方法。其方法是：门茄出现后，主茎和侧枝都留下结果。对茄出现后，在其上各选 1 个位置适宜、生长健壮的枝条继续结果，其余侧枝和萌蘖随时掰掉。以后都是这样做，即一层只结 2 个果，如此形成 1、2、2、2、2……的结果格局。一般1株可结9个、11个或13个果。在最后1个果的上面留23个叶摘心。

5. 适时采收

门茄应早收，萼片与果实相连处的白色或淡绿色环带不明显或近在消失，为采收适期。

6. 病虫害防治

目前日光温室茄子冬春茬的病害主要有茄子绵疫病，茄子根腐病，茄子褐斑病等。茄子绵疫病用药75%百菌清可湿性粉剂500~600倍或40%乙磷铝可湿粉剂200~400倍，茄子根腐病用药64%杀毒矾600倍或70%代锰锌500~600倍，茄子褐斑病用药75%百菌清600~700倍或64%杀菌矾500~600倍，虫害主要有温室白粉虱，用48%乐斯本400倍或1.8%阿维菌素2 500~3 000倍，每5~7天喷1次。

（二）夏白菜栽培技术

选用耐热、抗病、生育期较短的白菜品种。6月底至7月初播种，行株距50厘米×40厘米，亩种3 500~4 000株。夏白菜生育期短，应施足基肥。2叶1心时及时间苗，4叶期定苗，间苗后应浇1次水，并及时中耕松土。结球后保持土壤湿润。详细栽培技术参照第三节中夏白菜栽培实用技术。

（三）秋延迟黄瓜栽培技术

秋延迟栽培的黄瓜，生长前期高温多雨，后期低温寒冷，因此，应选择苗期较耐热、生长势强、抗病、高产的黄瓜品种，如津研4号、秋棚1号、鲁秋1号和津杂2号等。一般于7月下旬至8月上旬播种，育苗应在覆盖遮阳网或草帘的棚内进行，以免高温强光和暴晒对出苗造成影响。播后3~4片真叶时移植，注意抑制幼苗徒长。黄瓜喜欢有机肥，要大量使用腐熟的鸡粪和牛粪，每亩4 000~5 000千克，与400~480千克生物有机肥和30千克硫酸钾复合肥混合作基肥。定植以行距50~60厘米，株距

30 厘米为宜。出苗后要保持畦面见干见湿；若畦面偏干，应在早晨和傍晚浇水。

秋延迟黄瓜生育前期处于高温强光季节，应勤浇水，昼夜放风，保持室内适宜温度。结瓜前期，仅保留棚体顶部覆盖塑料薄膜，而将温室前沿的塑料薄膜揭开，这样不仅可减轻直射光的强度，而且还能起到降温防雨的作用。除雨天外，平时要加强通风，使棚内温度白天保持 25～28℃，夜间 13～17℃，昼夜温差在 10℃以上。夜间要留通风口散湿；结果盛期，进入 10 月中旬后，外界气温逐渐降低，应充分利用晴朗天气，使棚内白天温度提高到 26～30℃，夜间 13～15℃。此期如果白天温度适宜，要加强通风；当最低温度低于 13℃时，夜间要关闭通风口。

秋延迟黄瓜生育期相对比较短，所以水肥要足。在黄瓜开花结瓜时冲施腐殖酸冲施肥，每亩用 20～40 千克，以后每摘一次黄瓜，结合浇水追一次肥，不浇空水。结合追肥，喷施叶面肥，10～15 天 1 次，连喷 3～4 次。为增加雌花数量，可采用生长激素乙烯利处理，注意浓度不宜太高，否则易出现花打顶并发生药害。温度低时，黄瓜生长缓慢，对肥水的要求相对减少，为降低棚内湿度，严格控制浇水，一般 10～15 天浇 1 次。不旱不浇，同时可用 0.2% 尿素或 0.1%～0.2% 磷酸二氢钾溶液叶面喷施。

秋延迟黄瓜易出现霜霉病、白粉病、蚜虫等病虫害，一旦发现要及时喷药防治。可用甲霜灵或百菌清烟雾剂、吡虫啉等进行防治。另外，还要严格调控好棚内的温度和湿度，从而减轻病虫害的发生。

第四章 大棚瓜菜集约化栽培模式与实用技术

第一节 早春西瓜—秋延辣椒（芹菜）栽培实用技术

一、西瓜—辣椒（芹菜）对环境条件的要求

（一）西瓜

西瓜属喜温耐热作物，对温度的要求较高且比较严格。对低温反应敏感，遇霜即死。种子发芽最适温为25～30℃，在15～35℃的范围内，随着温度的升高，发芽时间缩短；生长发育的适宜温度为18～32℃。在这一温度范围内，随着温度的升高，生长发育速度加快，茎叶生长迅速，生育期提前。西瓜生育的下限温度为10℃，若温度在5℃以下的时间较长，植株就会受到冷害。若温度再升高，植株就会受到高温伤害；西瓜开花坐果期的温度低限为18℃，若气温低于18℃则很难坐瓜，即使坐住往往果实畸形，果皮变厚，成熟期延长，糖分含量明显下降。开花结果期的适宜温度为25～35℃。西瓜喜好较大的昼夜温差，在适温范围内，昼夜温差大，有利于植株各器官的生长发育和果实中糖分的积累。

西瓜根系生育的适宜温度为28～32℃。在西瓜早熟栽培时，因早春温度较低，所以多采用温床育苗；在移苗定植时，采用地膜、小拱棚、草苫、大棚等多层覆盖，并选晴暖天气进行，以满足根系生育对温度条件的要求。

西瓜是喜光作物，需要充足的光照。在较强的光照条件下，

植株生长稳健，茎粗、节短、叶片厚实、叶色深绿。而在弱光条件下，植株易出现徒长现象，茎细弱，节间长，叶大而薄，叶色淡。特别是开花结果期，若光照不足会使植株坐果困难，易造成“化瓜”，而且所结的果实因光合产物少，含糖量降低，品质下降。在西瓜早熟栽培育苗过程中，加强通风、透光、晒苗是培育壮苗的措施之一。

（二）辣椒

此内容参照第三章第三节中辣椒对环境条件的要求。

（三）芹菜

芹菜属耐寒性蔬菜，要求较冷凉湿润的环境条件，在高温干旱条件下生长不良。芹菜种子发芽的最适温度是15～20℃，生长的最佳温度组合是白天23℃、夜间18℃、地温23℃；芹菜根系浅、吸收能力弱，不耐干旱，对水分和养分的要求比较严格；芹菜吸收肥的能力较弱，对土壤肥料浓度要求较高，对肥料的需求以氮为主，也需要吸收少量的钾磷肥。

二、栽培模式

西瓜：选用抗性强、耐低温弱光的早熟的京欣系列等品种。上年12月中下旬育苗，出苗后子叶瓣平展露出一心时进行嫁接，2月中下旬定植，5月上旬上市。平均行距3米，株距约35厘米，亩栽苗600～650株，亩产量6 000千克。

辣椒：选用耐高温、抗旱、结果能力强、抗病、丰产性好的优良品种。6月下旬育苗，7月下旬定植，10月上旬上市。大行距80厘米，小行距50厘米，穴距45厘米，每亩栽苗2 000余株。亩产量4 000千克。

芹菜：6月中下旬露地遮阳育苗，8月下旬定植，10月下旬上市。亩产量7 000千克。

三、栽培实用技术

（一）西瓜栽培技术

1. 品种选择

选用具有低温生长性与结果性好，较耐阴湿环境，适宜嫁接栽培并具有优质、抗病、丰产等特点的早熟或中早熟品种。目前较适宜的品种有极品京欣、双星欣霸、双星等。砧木品种选用葫芦或瓠瓜。

2. 育苗

（1）播种时间。具体时间依各地气象条件和栽培设施而定。河南地区多采用“三膜一苫”、“四膜一苫”的覆盖保温方式。“三膜一苫”即大拱棚里套小拱棚，拱棚内覆地膜，小拱棚外面覆盖草苫；“四膜一苫”即在“三膜一苫”的基础上于大拱棚内加盖二层膜。12 月下旬播种，2 月中下旬定植，4 月底上市，比露地早 45 天上市。

（2）浸种催芽。种子消毒：用 10% 的磷酸三钠溶液浸种 20 分钟，或用 1% 高锰酸钾溶液浸种 15 分钟，以预防苗期病毒病。种子消毒后，用清水冲洗干净再浸种。

浸种：（砧木浸种之前先磕开种嘴）用 55℃ 温水边泡边搅，使种子受热均匀，持续 15 分钟，降温到 30℃ 再浸泡 8～10 小时，并反复搓洗去掉种子上的黏液。

催芽：种子捞出，摊开稍晾片刻，使表面水分散发，然后用干净的湿布包裹，放在 25～30℃ 条件下催芽。催芽中每天搓洗种子 2～3 次。若种子发芽不整齐，每天应该把先出芽的种子抽出，用湿布包住，置于冷凉处，待种子基本出齐后集中进行一次性播种。

（3）配制营养土。营养土的配制应选用未种过瓜类作物的田园土 6～7 份、农家肥 3～4 份，每立方米营养土加充分腐熟的大粪干或鸡粪 25 千克、过磷酸钙 1.5 千克和 50% 多菌灵粉 0.5

千克或代森锰锌 0.25 千克，混匀打碎过筛装入营养钵。

（4）播种。把装好的营养钵整齐地排列在苗床内，浇足底水，待水渗下后把催过芽的种子点播于营养钵内，覆土 1.5 厘米，播后加盖薄膜保温保湿。当有 70% 幼苗开始出土时，及时揭去，以防徒长。嫁接采用插接时，砧木比西瓜种子要早播 5 天左右，采用靠接时要求砧木比西瓜晚播 3 ~5 天。

（5）苗期管理。在足墒的情况下，出苗快慢其决定因素是温度。播种后白天保持 30℃，夜间 25℃，一般 6 ~9 天即可齐苗。齐苗后即刻降低温度，白天 21 ~23℃，夜间 13 ~15℃，防止苗子旺长，形成“高脚苗”。当第一片真叶出现后，白天温度可提高到 25℃左右，夜间不低于 15℃。

育苗期间要通过揭盖草苫，擦抹薄膜尽量多争取光照。水分也不能缺，因营养钵体积小，易干，要经常注意补水。

西瓜枯萎病属土传性毁灭性病害，尤其在连作的情况下更易发生。所以在生产上常采用西瓜嫁接法来减轻枯萎病的发生。西瓜嫁接方法很多，一般以顶插接、劈接、靠接 3 种方法较简单易行，嫁接成本低，成活率高。以顶插接为例简单介绍其具体做法。顶插接法要求砧木要比接穗早播几天。一般可在砧木出苗后立即播种西瓜。适宜的嫁接期为：砧木第一片真叶出现刚展平、接穗子叶展开。嫁接前一天砧木、接穗都淋透水，同时叶面喷洒杀菌剂，预防病害发生。嫁接过程选择晴天，在散射光或遮光条件下进行。嫁接时，先用刀片把砧木的真叶及生长点轻轻切除，再用竹签从切口处斜插入砧木胚轴，深 1 厘米左右；然后取接穗并把子叶下面的胚轴削成长约 1 厘米的楔形面，插入砧木孔内，并与砧木孔口刚好贴合。嫁接过后的苗子要整齐排列在苗床内，覆盖好地膜。

嫁接后苗子管理：从嫁接到成活一般需要 10 天左右，在此期间要做好保温、保湿和遮阳等工作。刚嫁接后前 3 天，注意遮光、保温、保湿，保持温度白天26～28℃，夜间24～25℃，湿度90%以上。3天后，逐渐通风降温排湿见光。嫁接苗成活后按一般苗床管理。定植前一周降至13～15℃。此过程中要随时切除砧木不定芽，保证接穗正常生长。操作时要注意不要损伤子叶和松动接穗。

病虫害防治：西瓜的苗期病害主要是猝倒病，有时也发生炭疽病和枯萎病。对苗期病害应采取综合防治措施，以防为主。采用种子消毒、营养土消毒、有机肥充分腐熟、苗床内保持适宜的温、湿度、药剂防治等综合措施。药剂采用百菌清、甲基托布津、杀毒矾等。

3. 定植

（1）定植前的准备。

提前扣棚：在定植前10～15天扣好大棚棚膜，使棚内土壤温度提升到15℃以上。

整地：结合深翻每亩施入腐熟有机肥5 000千克，硫酸钾50千克，磷酸二胺50千克。将肥料与土充分混匀后深翻30厘米，并灌足水。

作垄：按3米的行距起高垄，垄间沟内种植一行西瓜，两侧垄面作为西瓜伸蔓所用，整个畦面覆盖地膜。

（2）定植。定植苗龄35～40天，当地温连续3～5天超过13℃时开始定植，一般在雨水前后，选择晴天或冷尾暖头天气定植。定植株距35厘米，行距3米，亩定植600～650棵。定植时在地膜上打孔栽苗，膜口用土封严压实。

4. 定植后管理

（1）从定植到缓苗生长（缓苗期）：为促进花粉分化和雌花比例增大，光照每日要在8～9小时；温度白天保持25～35℃，夜间18～20℃；空气湿度50%～60%。缓苗期不浇水，少通风，只在中午气温超过35℃时进行短时间通风降温。

（2）从缓苗生长到开花前（开花期）。根据棚内温湿度，适当通风，调温调湿。气温白天24～32℃，夜间不低于15℃；空气相对湿度白天50%～60%，夜间80%左右。以地膜保墒为主，土壤持水量55%～75%为宜，尽量不浇水。为提高西瓜品质，在团棵期追肥时，一般亩穴施豆饼35～50千克，尿素10千克。

（3）从开花到瓜果膨大盛期。期间应增强光照，根据天气季节变化可撤去小拱棚，棚内温度上午20～35℃，夜间20～15℃。空气湿度白天50%～60%，夜间不超过80%。期间结合浇水可追两次肥，第一次在坐住瓜后，幼瓜鸡蛋大小时，每亩追尿素、硫酸钾各30千克。第二次在第一茬瓜坐住后15～22天，叶面喷洒速效化肥、微肥、高效氨基酸复合肥，6～7天喷1次，连续喷两次。在第一茬瓜定个后开始留第二茬瓜。第一茬瓜采收后，再追一次肥，以提高二茬瓜的产量。此期间要人工授粉，一般在上午7～9时进行，具体操作方法是先摘取刚开放的雄花，去掉花瓣，露出雄蕊，手持雄花往雌花的柱头上轻轻涂抹，使整个柱头粘上花粉，一朵雄花授3～4朵雌花。

（4）调整植株。一般采用三蔓整枝法：除保留主蔓外，在主蔓的3～5片叶腋处选留2条生长健壮的侧蔓，其余侧枝全部去掉。当两侧蔓伸长到20节时，将两侧蔓分别打顶，保留由上往下数第三节或第四节的叶芽，其余抹去。保留主蔓第二朵雌花坐果，一般在15节左右。坐果后留5～7片叶打顶。

（5）病虫害防治。枯萎病：又叫蔓割病，整个生育期均可发病。发病初期白天叶片全部萎蔫，似缺水状，晚上恢复。3～5天后叶全部萎蔫下垂，晚上不能恢复。受害植株茎部表皮粗糙，根部变褐腐烂，茎基部纵裂，潮湿时呈水状腐烂，出现粉红色霉状物，病部流出胶汁物，剖开茎部维管束变褐色。

防治方法：选用无病种子或种子消毒；轮作倒茬；嫁接防病；药剂防治：用多菌灵500～700倍液，甲基托布津1 000倍液喷雾或灌根，每5～7天1次，连续喷3～4次。

炭疽病：苗期、成株期均可发病。苗期子叶边缘出现圆形或半圆形褐色病斑，外围有黄褐色晕圈，其上长有小黑点或淡红色黏状物，而茎基部变黑褐色，收缩变细致幼苗猝倒。叶柄瓜蔓初期水浸状黄色圆形稍凹陷斑点，后变黑色。严重时绕茎蔓一周枯死。果实初期呈水浸凹陷病斑，并龟裂。湿度大时病斑中部产生粉红色黏状物，严重时现斑连片腐烂。

防治方法：选用无病种子或种子消毒；发病初期用75%百菌清800倍液，或用25%炭特灵500倍液，或用80%炭疽福美可湿性粉剂800倍液喷雾，7～10天1次，连续2～3次。

蔓枯病：叶、茎、果均可受害。叶上出现圆形或不规则形病斑，其上有小黑点。茎节附近出现灰褐色稍凹陷的椭圆形病斑，上有小黑点，严重时病斑环绕茎至分杈处。果实初期水浸状病斑，后变成褐色死斑，呈星状开裂、干腐。

防治方法：轮作倒茬；加强管理，增施有机肥；及时拔除病株；用80%代森锰锌700～800倍液喷雾，7天1次，连喷2～3次。

病毒病：表现有花叶和蕨叶两种，花叶型表现叶面凹凸不平，新叶畸形，叶片上出黄绿镶嵌花斑，植株先端节间短缩。蕨叶型表现为新叶狭长，皱缩扭曲，花器不发育，难坐果，或形成畸形小果。

防治方法：培育健壮秧苗，提高自身抗性；种子消毒；防治蚜虫，控制传毒媒介。

蚜虫：用10%吡虫啉2 000倍液，或用2.5%天王星乳油3 000倍液喷雾。

红蜘蛛：用1.8%齐满素乳油1 000倍液或70%克满特1 000倍液喷雾。

5. 采收

判断西瓜成熟的方法有计时定熟法，在人工授粉的当日定一标记，参照不同品种的瓜龄期长短，确定是否成熟。西瓜的采收期比较严格。适时采收的西瓜，味甜、汁多、颜色艳，风味好，单瓜重量大，耐储运。

采收西瓜的时间以上午或傍晚最好，因为西瓜夜间冷凉后散发了大部分田间热，采收后不至于因体温过高和呼吸作用加强，而引起质量下降和不利于贮运。采收西瓜的方法是用力从瓜梗与瓜蔓的连接处割下，不要从梗基部撕下。

（二）辣椒栽培技术

1. 品种选择

辣椒秋延后栽培品种要求，必须是能耐高温，抗耐病毒病，生长势强，结果集中，果大肉厚，又能耐寒的品种。

2. 播种育苗

（1）准备育苗。育苗在高温多雨季节，选择地势高，通风见光好的地块，整好地，用敌克松制毒土或用绿亨一号喷洒进行土壤消毒，苗床周围挖好排水沟。辣椒的花芽分化在苗期即进行，所以要培育大苗壮苗。一般用较大营养钵育苗，即可培育壮苗，又有利于定植后提前返苗。有条件的农户可采用基质穴盘育苗。

（2）播种育苗。一般6月下旬播种，苗期一个月，7月下旬定植。种子要消毒，播后搭小拱棚，覆盖塑料棚膜和遮阳网做顶，塑料棚膜挡雨，遮阳网遮光。高温季节要保持土壤湿润确保出苗。壮苗标准：苗高15～17厘米，开展度15厘米左右，苗龄30～36天，有6～10片真叶，刚现蕾分杈，叶色深绿壮而不旺，根系发达，无病虫为害。

3. 整地做畦与定植

秋延后辣椒生育进程较快，要求基肥充足，肥料充分腐熟，土壤全层施肥，肥料浓度又不能过大。基肥要求以有机肥、磷钾肥为主，结合耕地早施深施分次施。一般每亩施腐熟基肥5 000千克（或干鸡粪500千克），复合肥20～30千克，生物肥100千克。定植前2天喷杀虫、杀菌剂预防，做到“带药出嫁”。宽窄行栽培，大行距80厘米，小行距50厘米，穴距45厘米。选择阴天或晴天下午四点以后，起苗前剔除病虫苗、弱苗、杂苗，多带土，边栽边浇定根水。

4. 定植后的管理

（1）温度管理。辣椒生长最适宜的温度白天23～28℃，夜间15～18℃。前期在棚膜上覆盖遮阳网遮光降温，大棚日夜通风，当白天温度稳定在28℃以下时，可揭掉大棚外的遮阳网。秋季早期一般温度比较适合，不要特别调控。后期在温度不适宜时候，一般是11月份第一次寒潮来到之前（即小雪前），棚内要及时上二膜，上膜后注意温湿度调控。

（2）水肥管理。辣椒施肥以基肥为主，看苗追肥。切忌氮肥用量过多，造成枝叶繁茂大量落花，推迟结果。前期宜小水勤浇。追施以优质复合肥为主，溶水浇施。一般每次每亩10千克，分别在定植后10～15天和坐果初期追肥。定植后到11月上旬，棚内土壤保持湿润，切忌忽干忽湿和大水漫灌。11月中旬以后，以保持土壤和空气湿度偏低为宜。

（3）植株调整。将门椒以下的腋芽全摘除，生长势弱时，第1、第2层花蕾应及时摘掉，以促植株营养生长，确保每株都能多结果增加产量。10月下旬至11月上旬植株上部顶心与空枝全部摘除，以减少养分消耗，促进果子膨大长足。摘顶心时果实上部应留两片叶。在拉秧前10～15天，将植株摘心，打掉所有枝杈的顶部，以去掉顶端优势，使顶部的小果实迅速长大，达到商品采收标准。另外也可用15～20毫克/升2,4-D或35～40毫克/升防落素保花保果。

5. 采收

根据市场行情，可分次采青椒上市。

6. 病虫害防治

病害主要有猝倒病、疫病、炭疽病、灰霉病、疮痂病、病毒病等；虫害主要有蚜虫、烟青虫、棉铃虫等。病虫害防治要以预防为主，进行综合防治。

苗期病害（如猝倒病、立枯病）：主要通过种子消毒，暴晒床土并消毒，有机肥料要充分腐熟，避免苗过湿渍水等措施，并结合喷药防治，如64%杀毒矾500倍，75%瑞毒霉1 000倍等。

病毒病：主要是搞好种子消毒和蚜虫防治，还可喷药预防，如20%病毒A 400倍，植病灵800倍或抗病毒灵500倍，如加600倍细胞分裂素混合喷洒，防效更佳。

疮痂病：可用1：1：200的波尔多液预防，发病初可喷95%CT杀菌剂2 000倍，辣椒植保素700倍，农用链霉素200毫克/升等。

疫病、炭疽病、灰霉病：用75%增效百菌清500倍，代森锰锌500倍、50%扑海因800倍等交替使用，防效较好。使用烟熏剂熏蒸效果也很好。

蚜虫：采用黄板诱杀，或用10%的吡虫啉2 000~3 000倍液喷雾。

烟青虫：宜在幼虫蛀果前，选用2.5%敌杀死3000倍加BT乳剂300~500倍液喷洒于嫩叶嫩茎处，5~7天1次连续喷2~3次。

棉铃虫：2.5%功夫乳油、2.5%天王星乳油、10%氯氰菊酯乳油等各2 000~4 000倍液喷雾。

（三）芹菜栽培技术

1. 育苗

品种选用抗寒、耐弱光、抗病力强的品种，如西芹一号。大棚秋延后芹菜于6月下旬播种育苗，8月下旬定植，10月下旬陆续上市。

（1）催芽。芹菜种子发芽的适宜温度为15～20℃，秋延后栽培幼苗期，正值高温季节，不利于种子发芽，先将种子用冷水浸种12小时后，经淘洗、晾散，吊在井内水面以上或放在山洞、地下室等冷凉的地方，使环境温度保持在15～20℃，促进种子尽快出芽。催芽期间，一般进行两次掏种、晾种，5～7天后种子露白时即可播种。

（2）苗床的准备。芹菜种子小，顶土力弱，出苗慢，因此要精细整地，做好育苗床。每亩施用腐熟的圈肥5 000千克，肥料捣细撒匀，然后深翻整地，做宽1.2～1.5米，长25米左右的苗畦。做畦时应取出部分畦土，过筛作覆土备用。为防止苗期杂草丛生，每亩用48%的氟乐灵乳油125克，对水60～100千克，在整平畦面后喷洒畦面，随即浅锄5～10厘米深，使药剂与表层土壤充分混合，以防药剂见光分解，然后浇水播种。药效可维持2～3个月。

（3）播种。播种宜在阴天或傍晚进行。苗床先浇透水，将种子与少量细沙土拌匀，在畦面上均匀撒播，播后覆盖细土，厚度为0.5厘米。播种至出苗需10～15天。为防止阳光暴晒和雨水冲刷，播种后需采取遮阴保湿措施，可用玉米秸、高粱秸、苇帘等作覆盖材料。有条件的，可盖黑色或银灰色遮阳网，既能遮阴、防雨，又能防蚜、防病。但要注意保证幼苗生长中后期有适宜的光照，即遮阳网晴天盖、阴天揭，中午盖、早晚揭，不能一盖到底，否则不利培育壮苗。

（4）苗期管理。苗期管理以防晒、降温、保湿为主。播种后至出苗前，每1～2天浇1次小水，保持畦面湿润。出苗后苗床内光弱时，可揭去遮阴覆盖物，光强时再盖上，逐渐减少遮盖时间。雨天要注意排水。第一片叶展开后，逐渐减少浇水次数。

苗齐后至3片叶应进行2~3次间苗，3片真叶时，保证幼苗间距不小于4厘米见方。结合间苗及时剔除杂草。芹菜苗5~6叶期，要控制水分，防止徒长。苗高5~6厘米时，结合浇水，每亩追施尿素8~10千克，或叶面喷0.3%~0.5%的尿素液，促进幼苗生长。幼苗具有5~6片真叶，苗高10~20厘米时就可定植。

苗期发现蚜虫时，要及时用吡虫啉、万灵等药剂进行防治。发生病害时要用百菌清、多菌灵等药剂进行防治。

2. 定植

（1）整地施肥。一般在8月下旬定植。结合翻地，每亩施用优质腐熟的圈肥5 000千克，尿素30千克，过磷酸钙40千克，硝酸钾15千克，粪土掺匀，耙平搂细，做成1.2~1.5米宽的平畦。

（2）定植。选阴天或傍晚进行。在棚内开沟或挖穴，随起苗，随定植，随浇水，并浇透水。栽植深度以不埋住心叶为度。定植密度：本芹一般行距20厘米，株距13厘米左右，亩栽25 000株左右；西芹采用行距25厘米，株距20厘米，亩栽10 000~13 000株。

3. 定植后的管理

（1）温度调节。定植后，气温有时仍较高，土壤蒸发量大，因此，定植初期要注意保湿、降温，中午光照太强时可用遮阳网遮阴。当白天最高气温降至15℃，夜间降至5℃时，需要扣棚保温。扣棚初期，外界光照强、温度高，既要通风降温，又要保湿，夜间大棚两侧薄膜可不盖上，使植株逐渐适应大棚栽培环境。当外界气温下降时，白天通过改变薄膜通风口的大小，使棚内温度白天保持在15~20℃，夜间10~15℃。11月中旬以后，气温急剧下降，要封严风口，减少通风，加强保温，防止受冻。夜间气温低于6℃时，还要在大棚四周加围草苫保温。在保证不受冻的前提下，草苫要早揭晚盖，使植株多见光，并经常清洁薄膜，提高透光率。阴天、雨雪天也要揭苫，中午暖和时要加强通风，至少 2 ~ 3 天通风 1 次，严寒冬季不通风。成株虽然能忍耐 -7 ~ -10℃的低温，但长时间在低温下，叶柄也会受冻变黑，出现空心，纤维含量增加，品质下降。保温条件有限时，要适当早采收。

（2）肥水管理。定植时要浇足底水，2 ~ 3 天后再浇 1 次缓苗水，使土壤湿润，并能降低地温。浇水后中耕，并将被泥土淤住的苗子扶正。心叶发绿时表明已经缓苗，这时可进行 7 ~ 10 天蹲苗，待植株叶柄粗壮，叶片颜色浓绿，新根扩展后再浇 1 次水，保持地面见干见湿。定植后 1 个月，植株生长加快，要勤浇水，勤中耕，一般 4 ~ 5 天浇 1 次水，浇水后及时通风散湿。一般于 11 月上中旬覆盖农膜，为保证后期不缺肥，扣膜前结合浇水进行一定追肥。扣棚后，环境湿度大，极易造成叶枯病的发生，因此，除扣棚前进行 1 次细致喷药外，扣棚初期要注意加强放风。在外界天气寒冷时，棚内水分散失量小，植株蒸发量也减少，要减少浇水次数和浇水量，一般 1 个月左右浇 1 次。低温季节，浇水宜在晴暖天气的中午前后进行，并适度通风。收获前 7 ~ 8 天再浇 1 次水，使叶柄充实、鲜嫩。芹菜喜肥，生长期间要及时补充肥料。蹲苗结束后，要交替追施速效化肥和腐熟人粪尿。旺盛生长期，当株高达到 30 厘米时，每亩随水冲施硫酸铵 15 ~ 25 千克，或用人粪尿 1 500千克，可随浇冻水再追施一次速效化肥。

4. 收获与贮藏

大棚冬芹菜生长到 60 ~ 70 厘米时，在新年前开始第一次收获。在 1 月中旬进行第二次收获，这两次收获可采用披外层叶上市的办法。每株一次披 3 ~ 4 片外叶，在 2 月上旬进行第三次收获，可连根拔起供应春节市场。若保温条件较差，不能过冬，应在冬前上市，或收获后贮藏。一般要在棚内的最低温度降至2℃以前，及时采收。如果采收过早，可进行短期贮藏，于元旦前后上市。

作短期贮藏的芹菜，在收获时连根带土一块铲起，轻轻抖落部分根土，摘掉黄叶、烂叶及病叶，注意不要碰伤叶柄，然后捆成把，每把5千克左右。在棚内挖25～30厘米深、1.5米宽的沟，长度按需要而定。把芹菜根朝下排入沟中，把挨把放齐，在上面盖上草苫。温度低时，要覆盖好，温度高时要揭去草苫，以免内部积热。这种方法既可防冻，又能减少水分蒸发，可贮藏20天左右。

5. 病虫害防治

（1）斑枯病：又称叶枯病。叶、叶柄、茎均可染病。叶片受害初形成淡褐色油渍状小斑点，边缘明显，后逐渐扩大成圆形或不规则形斑块，边缘褐色，中央为灰白色，其上生有少量小黑点。叶柄或茎部染病，病斑褐色，长圆形稍凹陷，中部散生黑色小点。

防治方法：

①选用无病种子或对带病种子进行消毒。即种子用55℃水恒温处理10分钟，后移入冷水中冷却，晾干后播种。

②加强田间管理，施足底肥，看苗追肥，增强植株抗病力。保护地栽培要注意降温排温，减少结露，切忌大小漫灌。

③发病初期用70%代森锰锌粉剂500倍液，或用75%百菌清可湿性粉剂600倍液，60%琥·乙膦铝可湿性粉剂500倍液、64%杀毒矾可湿性粉剂500倍液等，隔7～10天1次，连续防治2～3次。

（2）软腐病：主要发生于叶柄基部或茎上。先出现水浸状、淡褐色纺锤形或不规则形的凹陷斑，后呈湿腐纹，变黑发臭，仅残留表皮。

防治方法：

①实行2年以上轮作。

②定植、松土或锄草时避免伤根；培土不宜过高，以免把叶柄埋入土中；发现病株及时挖除并撒入石灰消毒；发病期减少浇水或暂停浇水。

③发病初期喷洒72%农用硫酸链霉素可溶性粉剂或新植霉素3 000~4 000倍液、14%络氨铜水剂350倍液、50%琥胶肥酸铜可湿性粉剂500~600倍液等，隔7~10天1次，连续防治2~3次。

（3）蚜虫：芹菜受蚜虫为害后，轻者形成褪色斑点，重者叶片发黄、皱缩，心叶不长，植株矮小，严重者叶片枯死，蚜虫还传播病毒。

防治方法：一旦发现蚜虫，要及时防治。可用50%避蚜雾粉剂2 000倍液，40%灭杀毙乳油1 500倍液等叶面喷雾。覆盖农膜后可用40%敌敌畏烟剂熏蒸。

第二节　早春甜瓜—夏秋甜瓜—秋冬菜栽培实用技术

一、甜瓜对环境条件的要求

（一）甜瓜

甜瓜属喜温作物，对温度要求高，种子在16~18℃开始发芽，发芽适温为30~33℃，生长期适温25~32℃，在40℃的高温下仍能生长，低于10℃时生长停止。开花期的适宜温度20℃，最低温度为18℃。甜瓜对低温反应敏感，遇霜即死。甜瓜的生育期间需要有较大的温差，一般幼苗及营养生长期温差10~13℃，结果期温差15℃。夜温过高，保护地栽培易产生徒长。

甜瓜属于短日照作物，短日照可促进开花。但甜瓜的多数品种属中光性，只要条件适合，四季均可开花结果。甜瓜对光照的要求很强，正常生长发育需10～12小时以上光照。光照强度小于自然光的80%时，花芽分化质量显著降低。

甜瓜要求空气干燥，一般保持空气相对湿度在50%～60%。空气潮湿时生长势弱，坐果困难，容易发病。幼苗期和伸蔓期内适宜的湿度有利于植株的生长，开花期内要求湿度有所降低，但过干或过湿均妨碍甜瓜授粉、受精的正常进行。开花结果期内雨水少、湿度低时有利于提高品质，因此最好采用渗灌或滴灌，并采用地膜覆盖，以减少水分蒸发量，降低空气湿度。甜瓜对土壤水分也要求较低，生长期间30厘米土层内的土壤持水量保持在70%～80%，果实成熟期降低至55%～60%，收获前10天应停止灌水。

甜瓜根系发达，对土壤条件要求不是很严格，沙土、壤土、黏土均可种植；但甜瓜根系好气性强，最适于沙质壤土栽培。甜瓜对钾肥的需求量大，钾可提高含糖量，但甜瓜为忌氯作物，不宜施用含氯钾肥。

（二）黄瓜

此内容参照第三章第一节中黄瓜对环境条件的要求。

（三）菠菜

菠菜属耐寒蔬菜，种子在4℃时即可萌发，最适为15～20℃，营养生长适宜的温度15～20℃，25℃以上生长不良，地上部能耐零下6～8℃的低温。

菠菜是长日照作物，在高温长日照条件下植株容易抽苔开花，对日照强度要求不严，可与高秆作物间套作。

菠菜叶面积大，组织柔嫩，对水分要求较高。水分充足，生长旺盛时肉厚，产量高，品质好。在高温长日照及干旱的环境条件下，营养生长受抑制，加速生殖生长，容易未熟抽薹。

菠菜对土壤适应能力强，但仍以保水保肥力强、肥沃的壤土为好，菠菜不耐酸，适宜的pH值为7.3～8.2。菠菜为速生绿叶菜，要求有较多的氮肥促进叶丛生长，品质好，产量高。应在氮磷钾全肥的基础上增施氮肥。

二、栽培模式

早春甜瓜—夏秋甜瓜—秋冬菜：甜瓜：选用雪红、脆梨、丰雷、景甜等品种。早春茬甜瓜上年元月中下旬育苗，3月上旬定植，5月上中旬上市。亩产量4 000千克；夏秋茬甜瓜于7月中下旬直播育苗，9月中旬上市。亩产量2 500千克。

秋冬菜：主要种植黄瓜、菠菜、芫荽等。黄瓜于夏秋茬甜瓜收获前于植株间直播；菠菜或芫荽10月上旬直播，12月下旬上市。

三、栽培实用技术

（一）早春茬甜瓜栽培实用技术

1. 品种选择

选择耐低温、耐弱光、结果集中，商品性好的品种，应以早熟、中熟优质品种为主。

2. 培育壮苗

（1）营养钵育苗。

①播种期。甜瓜育苗期30～35天，定植期往前推一个月左右的时间，即是播种期。定植期约在3月上旬，则育苗播种期一般安排在元月中下旬。如果保温条件好也可提早到元月上中旬育苗。

②种子处理和催芽。备播的种子经去杂去劣去秕，晾晒后再进行种子处理。用甲基托布津或多菌灵500～600倍浸种灭菌15分钟，捞出放入清水中洗净，用浓度15%磷酸三钠溶液浸种30分钟以钝化病毒。再用50～60℃温水浸种，搅拌至30℃，浸泡6～8小时，捞出擦净种皮上的水分，用清洁粗布将种子分层包好，放置于30～32℃恒温下催芽。24～30小时露出胚根，即可播种。

③营养土制作与播种。营养钵的规格可以是10厘米×10厘米或8厘米×8厘米或8厘米×10厘米。营养土应疏松透气、不易破碎，保水保肥力强，富含各种养分，无病虫害。

营养土用未种过瓜类作物的大田土、园田土、河泥、炉灰及各种禽畜粪和人粪干等配制而成。一切粪肥都须充分腐熟。配制比例是大田土5份，腐熟粪肥4份，河泥或沙土1份。每立方米营养土加入尿素0.5千克、过磷酸钙1.5千克，硫酸钾0.5千克或氮、磷、钾复合肥1.5千克。营养土在混合前先行过筛，然后均匀混合。育苗土的干湿度要适宜，土壤湿度为半干半湿，即抓起一把土，手握成团，落地即散。湿度不足时，就先用喷雾器均匀喷水，湿度过大时，应事先摊开晾晒。

营养土装钵后，整齐紧密地排列于苗床内，浇足底水，晾晒4~6小时后即可播种。每一营养钵内放1粒催芽种子，播种后覆土1~1.5厘米。然后盖地膜，保持床土湿润，提高营养钵的温度，幼苗出土时立即除去地膜，以便幼苗出土。

④苗床管理。苗床管理是以掌握温度为中心，出苗前要密闭不通风，此时床温以保持30~35℃为宜。一旦幼芽开始出土就应适当注意放风透气，因为从幼苗出土至子叶平展，这段时间下胚轴生长最快，是幼苗最易徒长的阶段，所以要特别注意控制甜瓜苗的徒长。其措施有三：第一，床温降低到15~22℃；第二，尽量延长光照时间，保证幼苗正常发育；第三，降低床内空气和土壤湿度，空气相对湿度白天50%~60%，夜间70%~80%。当真叶出现后，幼苗不易徒长，因此床温应再次提高到25~30℃。幼苗三片真叶后，应降低床温，控制浇水，进行定植前的锻炼。另外，实践证明，采用昼夜大温差育苗，是培养壮苗的有效措施。当幼苗真叶出现后，白天床内气温30℃左右，夜间最低气温15℃左右，这样有利于根系的生长，有利于培育壮苗。

（2）穴盘嫁接育苗。

①基质配制：选用优质草炭、蛭石、珍珠岩为基质材料，按体积比3∶1∶1配制，每立方米加入1～2千克国标复合肥，同时加入0.2千克多菌灵搅拌均匀后密封5～7天待用。

穴盘使用黑色PS标准穴盘，砧木选用50孔穴盘，尺寸长53厘米×宽28厘米×高8厘米。接穗选用平盘，标准尺寸长60厘米×宽30厘米×高6厘米。将含水量50%～60%的基质装入穴盘中，稍加振压，抹平即可。

②砧木选择：以南瓜为主，与接穗亲和力强，共生性好，且抗甜瓜根部病害，对产品品质影响小，嫁接优势表现明显。

③浸种催芽：方法同上。

④播种：砧木较接穗提早播种5天。砧木出芽率达85%以上时即可播种。把种子摆在穴盘内，然后覆盖消毒蛭石，淋透水后，苗床覆盖地膜。白天28～30℃，夜间18～20℃。幼苗出土后及时揭去地膜，白天22～25℃，夜间16～18℃。接穗种子均匀地播在装有基质的平盘内，播后覆盖一层冲洗过的细沙，用地膜包紧。放置在温床或催芽室内催芽，温度30℃左右。有70%的种子露白时去掉地膜，逐渐降低温度，白天22～25℃，夜间16～18℃。

⑤嫁接方法及标准：选用插接法。砧木第一片真叶露心，茎粗2.5～3毫米，嫁接苗龄12～15天；接穗子叶展平，刚刚变绿，茎粗1.5～2毫米，嫁接苗龄10～13天。嫁接前一天砧木、接穗都淋透水，同时叶面喷洒杀菌剂。

⑥嫁接：将砧木真叶和生长点剔除。用竹签紧贴砧木任一子叶基部内侧，向另一子叶基部的下方呈30°～45°斜刺一孔，深度0.5～0.8厘米。取一接穗，在子叶下部1厘米处用刀片斜切0.5～0.8厘米楔形面，长度大致与砧木刺孔的深度相同，然后从砧木上拔出竹签，迅速将接穗插入砧木的刺孔中，嫁接完毕。

⑦嫁接后管理。湿度：苗床盖膜保湿。嫁接后前3天苗床空

气相对湿度保持在95%以上。之后视苗情逐渐增加通风换气时间和换气量。6~7天后湿度控制在50%~60%；温度：嫁接后前6~7天白天保持25~28℃，夜间20~22℃。伤口愈合后，白天22~30℃，夜间16~20℃；光照：嫁接后前3天遮光，早晚适当见散射光，以后逐渐增加见光时间，直至完全不遮阳。遇到久阴转晴要及时遮阴，连阴天须进行补光；肥水管理：嫁接苗不再萎蔫后，视天气状况，5~7天浇1遍肥水，可选用宝利丰、磷酸二氢钾等优质肥料；其他管理：及时剔除砧木长出的不定芽，去侧芽时切忌损伤子叶及摆动接穗。嫁接苗定植前5~7天开始炼苗。加大通风、降低温度、减少水分。增加光照时间和强度。出苗前喷施一遍杀菌剂。

⑧苗期病虫害防治：病害主要有猝倒病、立枯病、蔓枯病等，可用多菌灵600倍液或70%代森锰锌500倍液、25%瑞毒霉800倍液喷洒2~3次；虫害主要有蚜虫、白粉虱、蓟马、美洲斑潜蝇等，可用2.5%氯氰菊酯或20%速灭杀丁2 000倍液、阿维菌素1 500倍液等药剂喷施。

3. 定植

（1）定植。当甜瓜苗龄30~35天，真叶三叶一心，一般大棚地温稳定在12℃以上时，便可定植。大棚定植时气温较低，应在定植前10~15天扣棚，以利于提高棚内温度。

（2）整地作畦。大棚内土壤在前作物收获后及时深翻，基肥以有机肥为主，每亩施3 500~4 000千克，硫酸钾复合肥30千克，一般采用宽窄行高垄定植，宽行距1.0~1.1米，窄行距70~80厘米，株距30~35厘米。浇一次底水，晾晒后铺上地膜。为便于采光，南北走向大棚顺棚方向作畦。栽苗前，用制钵器按一定株距在高垄中央破膜打孔，将幼苗栽到孔内。一般亩栽2 000~2 500株。通常大棚高畦上只铺地膜即可，但有时在定植后的短期内还加盖小棚，以利保温，促进缓苗，促进幼苗的迅速生长。

（3）立架栽培。为适应大棚甜瓜密植的特点，多采用立架栽培，以充分利用棚内空间，更好地争取光能。常用竹竿或尼龙绳为架材。架型以单面立架为宜，此架型适于密植，通风透光效果好，操作方便。架高1.7米左右，棚顶高2.2~2.5米，这样立架上端距棚顶要留下0.5米以上的空间，利于空气流动，降低湿度，减少病害。

4. 田间管理

（1）棚内温、湿度管理。甜瓜在整个生育期内最适宜的生长发育温度是25~30℃，但在不同生长发育阶段对温度要求也不同。定植后，白天大棚保持气温27~30℃，夜间不低于20℃，地温27℃左右。缓苗后注意通风降温。开花前营养生长期保持白天25~30℃，夜间不低于15℃，地温25℃左右。开花期白天27~30℃，夜间15~18℃。果实膨大期白天保持27~30℃，夜间15~20℃。成熟期白天28~30℃，夜间不低于15℃，地温20~23℃。营养生长期昼夜温差要求10~13℃，坐果后要求15℃。夜间温度过高容易徒长，对糖分积累不利，影响品质。适于甜瓜生长的空气相对湿度为50%~60%，而在大棚内白天60%，夜间70%~80%也能使甜瓜正常生长。苗期及营养生长期对较高、较低的空气湿度适应性较强，但开花坐果后，尤其进入膨瓜期，对空气湿度反应敏感，主要在植株生长中后期，空气湿度过大，会推迟开花期，造成茎叶徒长，以及引起病害的发生。当棚内温度和湿度发生矛盾时，以降低湿度为主。降低棚内湿度的措施：第一是通风。生育前期棚外气温低而不稳定，以大棚中部通风为好；后期气温较高，以大棚两端和两侧通风为主，雨天可将中部通风口关上。在甜瓜生长的中后期要求棚内有一级风。第二是控制浇水。灌水多，蒸发量大，极易造成棚内湿度过高，所以要尽量减少灌水次数，控制灌水量。提倡膜下灌水。

（2）水肥管理。在整个生长期内土壤湿度不能低于48%，但不同的发育阶段，对水分的需要量也不同。定植后到伸蔓前瓜苗需水量少，叶面蒸发量少，应当控制浇水，促进根系扩大；伸蔓期可适当追肥浇水；开花前后严格控制浇水，当幼瓜长到鸡蛋大小，开始进入膨瓜期，水分供应要足。成熟期需水少。在膨瓜期配合浇水每亩可追施硫酸钾10千克。通常大棚甜瓜浇一次伸蔓水和1～2次膨瓜水即可。注意浇膨瓜水时水量不可过大，以免引起病害。另外，可在操作行内铺上麦秸或玉米秆等干草，每亩用量1 000千克，厚度10厘米，不仅可降低棚内湿度，还能提供有机肥。白天吸热，晚上放热，对前期提高棚内温度有一定作用。

（3）整枝。为使厚皮甜瓜在最理想的位置结果，使结果期一致，摘心、整枝为栽培上必须的手段。大棚甜瓜，多采用单蔓整枝或双蔓整枝。

单蔓结果整枝法：此法操作简单，管理方便，成熟期提前，结果集中，但产量稍低。具体作法是：主蔓先不摘心，直到25～30叶时才摘心，主蔓基部第1～10节位的子蔓全部摘除，选留主蔓上第11～16节位上所发生的子蔓作为结果蔓，春季低温期结果蔓多在主蔓13～16节上为宜，结果主蔓留3条各留2片叶摘心，其他子蔓全部摘除。结果后主蔓基部的老叶可剪掉3～5叶，以利通风。结果蔓上的腋芽（孙蔓）也应摘除。

双蔓结果整枝法：此法可获得较高产量，但瓜成熟较晚，而且成熟期不太集中。整枝操作是：幼苗3～4片真叶展开时摘心，待子蔓长15厘米左右时，从中选留长势健壮，整齐的子蔓2条，摘除其余的子蔓，子蔓第20～25叶时摘心。低温期结果位置不宜太低，在第10节左右发生的孙蔓上坐瓜；高温期结果位置宜低，以第6节以后发生的孙蔓使其结果。预定结果蔓以内的侧蔓及早摘除，预定结果蔓留2叶摘心，子蔓最先端3节发生的侧蔓摘除，其他非结果蔓的孙蔓枝视植株生育情况而定，生育旺盛时，非结果蔓全部留1叶摘心，生育稍弱或分枝力弱的品种，其非结果枝放任之。

无论哪种整枝方式，摘心工作应及早进行，防止伤口过大，主蔓摘心应在叶片没展开之前摘除，结果子蔓或孙蔓摘心须在花蕾未开放前进行，以促进坐果和果实肥大。整枝摘心宜在晴天进行，并可适当喷洒农用链霉素防止伤口感染。

（4）人工授粉。甜瓜属于典型虫媒花，栽培中需昆虫传粉或人工辅助授粉才能坐果，若开花期遇低温阴雨天气，授粉受精不良，坐果率偏低，保护地内种植厚皮甜瓜必须人工授粉，阴雨天尤为重要。授粉一般在上午8~10时进行。授粉时将当天盛开的雄花摘下，确认已开始散粉，摘掉花瓣，将花粉轻轻涂抹在雌花柱头上，一般一朵雄花可涂抹2~3朵雌花。或者用坐瓜灵解决这一问题，利用坐瓜灵处理可在雌花开放当天或开花前1~3天内进行，处理时间较长，处理后6小时之内没有雨水冲刷，坐果率可达到90%以上，为瓜农解除后顾之忧。

使用浓度：坐瓜灵每瓶（袋）5克对水2~3千克（稀释400~600倍），充分摇匀。使用浓度与环境温度有关，参考表4-1。

表4-1　坐瓜灵在使用时对水量与环境温度的关系

环境温度（℃）	对水量（千克）
15~20	2.00~2.25
21~24	2.25~2.75
25~30	2.75~3.00

使用方法：将坐瓜灵用水稀释至所需浓度，充分摇匀，使其呈均匀的白色悬浮液，然后采用微型喷壶对着瓜胎逐个充分均匀

喷施，也可采用毛笔浸蘸药液均匀涂抹整个瓜胎。

注意事项：

①使用效果受当地气候条件、品种特性及使用方法影响，在大面积应用前须小面积试用，掌握其正确使用技术，以达到最佳使用效果，杜绝副作用（如裂瓜、畸形瓜、瓜有异味苦味等）的产生。

②喷、涂或蘸药一定要均匀，以免出现歪瓜，且不可重复过量喷施，用后要加强肥水管理。

③在浓度范围内，加水量随环境温度高低适当调整，温度高，加水多，温度低，加水少，温度过高（高于30℃）或温度过低（低于15℃）不宜使用，以免造成药害、烧瓜、抑制瓜生长等不良影响。

④坐瓜灵系可湿性粉剂，使用时应随用随配，不可久置。

（5）选瓜留瓜。坐果后5～10天当幼瓜长到鸡蛋大小时，选留节位适宜、瓜形圆正，符合本品种特点的瓜作商品瓜。早熟小型果品种留2个，留两个瓜的要选节位相近的，以防出现一大一小的现象；中晚熟大型果留1个。当幼瓜长到0.5千克左右时，要用塑料绳吊在果梗部，固定在竹竿或支柱的横拉铁丝上，以防瓜蔓折断及果实脱落。

5. 病虫害防治

大棚内温湿度较高，植株生长旺盛，茎叶郁密，病虫害容易滋生，因此应很好地控制灌水，注意通风换气，调节好棚内的温湿度，并及时防治病虫害的发生。

（1）病害。

①立枯病：又称“死苗”。主要为害幼苗茎基部或地下根部，初为椭圆形或不规则暗褐色病斑，病苗早期白天萎蔫，夜间恢复，病部逐渐凹陷、缢缩，有的渐变为黑褐色，当病斑扩大绕茎一周时，最后干枯死亡，但不倒伏。苗床湿度大时，病部可见

不甚明显的淡褐色蛛丝状霉。

立枯病菌通过雨水、喷淋、带菌有机肥及农具等传播。病菌发育适温20~24℃。刚出土的幼苗及大苗均会受害，一般多在育苗中后期发生。凡苗期床温高、土壤水分多、施用未腐熟肥料、播种过密、间苗不及时、徒长等均易诱发该病。

防治方法：可于发病初期选用75%百菌清可湿性粉剂600倍液，或用20%甲基立枯磷乳油1 200倍液进行喷雾。若猝倒病与立枯病混合发生时，可用72.2%霜霉威水剂800倍液加50%福美双可湿性粉剂800倍液喷淋。施药间隔7~10天，视病情连防2~3次。

②枯萎病：典型症状是萎蔫。开花结果后发病，病株叶片自下而上逐渐萎蔫，似缺水状，中午更为明显，早晚尚能恢复，数日后整株叶片呈褐色枯萎下垂，不能再恢复正常，叶片干枯，全株死亡。

防治方法：主要实行轮作换茬。药剂防治：发病前期或在发病初期，70%甲基托布津可湿性粉剂1 000~1 500倍液，或用40%瓜枯宁1 000倍液，或用60%百菌通可湿性粉剂400~500倍液，或用农用抗菌素120~200倍液、70%敌克松1 000倍液灌根，隔7~10天1次。

③疫病：疫病是全生育期病害。根颈部发病初期产生暗绿色水渍状病斑，病斑迅速发展环绕茎基呈软腐状，有时长达10厘米以上，全株萎蔫枯死，叶片呈青枯状，维管束不变色。

防治方法：增施叶面肥，喷磷钾肥和微肥；药剂防治可用58%甲霜灵锰锌可湿性粉剂500倍液，或用64%杀毒矾可湿性粉剂400~500倍液，或用40%乙膦铝可湿性粉剂200~300倍液，或25%甲霜灵可湿性粉剂500~700倍液，每株灌药0.25千克，隔7~10天1次，一旦发现中心病株，则每5天喷药1次或用药液灌根。连续防治3~4次，药剂应交替使用，以防产生抗药性。

④蔓枯病：在瓜的整个生育期，地上各部位均可受害。以叶片、瓜蔓受害最为严重，但主要为害茎基部。

防治方法：发现中心病株立即喷药，或涂茎。药剂可选用40%拌种双可湿性粉剂500倍液，或用50%扑海因可湿性粉剂1 000倍液，或用75%百菌清可湿性粉剂600倍液，或用70%代森锰锌可湿性粉剂500~600倍液，可用45%百菌清烟剂或20%防霉灵烟剂，也可用50%抑蔓枯粉尘。在发病初期，全田用药，隔7~10天1次。不同药剂交替使用。

⑤白粉病：瓜类白粉病是一种分布十分广泛，为害较重的病害。俗称“白毛病”。

防治方法：选用抗病品种，科学栽培。常用药剂有15%粉锈宁可湿性粉剂1 000~1 500倍液，或用20%粉锈宁乳油1 500~2 000倍液；或用70%甲基托布津可湿性粉剂1 000~1 500倍液，或用75%百菌清可湿性粉剂500~800倍液进行喷洒。

⑥细菌性斑点病：该病在瓜的整个生育期都可发病，主要为害叶片，也可为害果实和茎蔓。

防治方法：清洁田园，生长期及收获后清除病叶病蔓，并进行深埋，秋季深翻瓜地；要加强通风，降低室内湿度，减轻病害发生；发病初期，用农用链霉素或新植霉素5 000倍液，或用60%百菌通可湿性粉剂500倍液，或用50%退菌特可湿性粉剂800~1 000倍液等进行喷雾。

（2）虫害：主要有蚜虫、红蜘蛛、美洲斑潜蝇和瓜野螟。蚜虫防治药剂有金大地、大功臣及48%乐斯本、15%三唑磷；红蜘蛛可用三氯杀螨醇或克虫灵；美洲斑潜蝇可用48%乐斯本、1.8%爱福丁；瓜野螟可用90%万灵加BT生物农药、5%抑太保、5%卡死克等防治。

6. 果实成熟与采收

判断果实的成熟度，可从皮色、香味、熟性等方面识别。多数品种的幼果和成熟果，皮色上有明显的变化。鉴别甜瓜成熟度的标准主要有：

（1）开花至成熟的时间。不同品种自开花至成熟的时间差别很大，栽培时可在开花坐果时作出标记，到成熟日期前后采收。

（2）离层。多数品种果实成熟实时在果炳与果实的着生处都会形成离层。

（3）香气。有香气的品种果实成熟时开始产生，成熟越充分香气越浓。

（4）果实外表。成熟时果实表现出固有的颜色和花纹。

（5）硬度。成熟时果实硬度有变化，用手按压果实有弹性，尤其花脐部分。

（6）植株特征。坐果节位的卷须干枯。坐果节位叶片叶肉失绿，叶片变黄，此可作为果实成熟的象征。

采收应在早上温度较低，瓜表面无露水时进行。采收时瓜柄应剪成“T”字形。采收后随即装箱或装筐运走。

如果运往外地，则在采收时应注意：采收前 10 ~ 15 天停止浇水以减少腐烂损耗；采收的成熟度要一致；采收及装运过程中要轻拿轻放，尽量减少机械损伤等。

（二）夏秋茬甜瓜栽培实用技术

于早春茬甜瓜拉秧后 7 月中下旬直播，9 月中旬开始采收，瓜成熟期 28 天左右，可采收 2 ~ 3 个瓜，一般于 10 月上旬采收结束。其栽培要点如下。

1. 施足底肥

上茬甜瓜拉秧后清洁田园，结合犁地每亩撒施腐熟优质有机肥 1 500千克，45% 三元复合肥 50 千克，石灰 75 千克，整平耙细。直播前2~3天结合起垄施尿素5千克，45%硫酸钾三元复合肥20千克，硼砂1~1.5千克，辛硫磷毒土10千克。垄高20~25厘米，垄面要平、净、细。

2. 播种

催芽、起垄方法同早春茬甜瓜操作方法。

3. 田间管理

（1）及时覆盖防虫网。播种后要及时在大棚周围和顶口放风处覆盖防虫网，防止害虫进入，减轻病虫害发生。

（2）及时摘心和追肥。当瓜苗4片真叶时就要及时摘心，每株选留2~3条健壮的子蔓，并将它们均匀分布，当子蔓18~20片真叶时再摘心，每根子蔓再留2~3条孙蔓，孙蔓坐瓜后，瓜前要留2~3片小叶时摘心，一般每株可留瓜3~4个。在生长期间要及时摘除多余的子蔓、孙蔓、花蕾以及茎部的老叶、病叶，一是可减少养分流失，提高坐果率，促进瓜膨大。二是增强通风透光，减少病害的发生。播种后40天左右根浇0.5%的三元复合肥和10%腐熟的人粪尿混合液，促进瓜苗生长和伸蔓。在瓜长至鸡蛋大小时，根浇1%三元复合肥和15%腐熟的人粪尿混合液，促进瓜膨大。

（3）引蔓搭架。大棚甜瓜多采用立架栽培，以充分利用棚内空间，更好地争取光能。常用尼龙绳引蔓上爬，此架型适于密植，通风透光效果好，操作方便。到瓜长到0.5千克左右时要及时用塑料绳吊在果梗部，固定在大棚横拉铁丝上或用网兜兜住瓜，以防瓜重坠秧。

（4）适时防治病虫害。病害防治应以预防为主，发现病情及时防治。夏秋栽培主要发生病害是霜霉病和疫病，虫害主要是蚜虫和瓜绢螟。从播种到收获一般喷3~4次农药，农药应选择低度、高效、安全为水准。苗期喷一次保护性杀菌剂如井岗霉素、百菌清等农药。霜霉病发生初期喷800~1 000倍液72%克露或

500倍液58%甲霜灵锰锌，疫病发生初期喷800倍液疫霜灵或600倍液64%杀毒矾；防治蚜虫用10%吡虫啉2 000～2 500倍液，瓜绢螟用5%锐劲特2 500倍液或1.8%爱福丁3 000倍液进行叶面喷施。总之，可根据病虫害发生情况进行适时喷药，生长中后期喷农药时可加0.3%磷酸二氢钾和0.2%硼砂混合液或其他叶面肥1～2次。

4. 适时采收

夏秋栽培甜瓜一般从授粉到采收需28天左右就能成熟。当瓜发出香味，表现出成熟时就可采收。注意果实采收前7～10天停止喷药、叶面肥、追肥，保证食瓜安全。

(三) 秋冬黄瓜栽培实用技术

1. 品种选择

选择对低温弱光条件忍耐性强、株型紧凑，优质、高产、抗病的品种。如津杂3号、津杂4号、津春4号等黄瓜品种。

2. 育苗定植

黄瓜于9月上旬育苗。甜瓜采收后，从植株基部剪断，于10月上旬定植黄瓜，株距20～30厘米，定植后覆盖地膜。在随后的管理中去掉甜瓜枯秧，引黄瓜蔓上架。

3. 田间管理

(1) 温度调节。进入10月中旬后，外界气温逐渐降低，此时随着气候的变化，要合理调节棚内温度，逐渐减少放风量。白天保持25～28℃；夜间维持在15℃左右，低于13℃时，夜间不留风口，封闭大棚，保证足够的温度，满足黄瓜生长的需要。

(2) 湿度调节。棚内的空气相对湿度大，极易发生病害。在保证温度的前提下，进行通风降低湿度，尤其是阴雨天，要进行通风。另外，在喷药、施肥和灌水的当天和以后的1～2天内，在不使棚温过低的情况下，适当早揭膜、晚盖膜，以延长通风时间，使棚内空气湿度不致过高。

（3）肥水管理。表土见干见湿时浇一次缓苗水。结果前以控为主，要求少灌水。进入黄瓜结瓜期，肥水供应要充足，一般是以水带肥，化肥和粪稀交替使用。结瓜盛期肥水要足，一般需追肥2~3次，每隔10~15天追施1次，每次每亩施尿素10千克或腐熟稀人粪尿500~750千克。要小水勤浇，肥料要勤施少施，严禁大水漫灌。在这个阶段，还可以进行叶面喷肥，加以补充钾肥，每亩硫酸钾肥10千克。特别是连续阴雨天，跟外追肥可保证植株生长发育的需要，其配方为0.5%尿素、0.3%磷酸二氢钾及各种营养素如喷施宝等。

4. 病虫害防治

一是加强田间管理，及时摘除病叶、病枝、病果，并带出田外，集中处理；控制浇水，晴天加强通风透气，降低棚内温度；采用配方施肥，提高植株抗病能力；二是高垄栽培，采用膜下暗灌；三是药剂防治以预防为主。防治疫病在发病初期喷药，选用菌立停、甲霜铜、可杀得等。防治霜霉病和白粉病用甲霜磷、农抗120、乙磷铝等药剂。防治灰霉病用灰克、速克灵、扑海因等。四是及时做好病害的监测和发生期预报。

（四）秋冬菠菜栽培技术

1. 品种选择

选用耐寒、抗病、高产的菠菜品种。

2. 播种

上茬甜瓜拉秧后及时整地播种，一般于10月中旬播种。播种前，种子经搓散后，在温水中浸泡12~24小时，洗去黏液，捞出后稍加摊晾，即可播种。

3. 整地播种

播种前应深翻土地，每亩施充分腐熟的有机肥5 000千克，氮、磷、钾复合肥30千克，尿素15千克。整平地面后做平畦，一般畦宽1.2米，畦埂高10~15厘米。采用直播法，用条播的方式，播时先开浅沟，沟距12~15厘米，深约2厘米，将种子均匀点于沟中。播后用木板刮平地面，先用脚踩一遍，然后浇大水造墒。

4. 田间管理

苗长到2~3片真叶时，进行间苗定苗，苗距3~5厘米。然后根据墒情合理浇水。结合浇水，每亩施尿素15千克。于下霜前扣上棚膜，在扣棚膜前2~3天浇水后喷1次预防霜霉病的药剂。在大棚菠菜进入旺盛生长后期，可喷洒“天达2116”、磷酸二氢钾、“爱多收”等进行叶面施肥，以促其快速生长。

5. 病虫害防治

菠菜病虫害较少，虫害主要是蚜虫，病害则主要有霜霉病和炭疽病。防治蚜虫时可用10%吡虫啉可湿性粉剂1 000倍液，用64%杀毒矾可湿性粉剂500倍液防治霜霉病，80%炭疽福美可湿性粉剂800倍液防治炭疽病。

6. 及时收获

当株高20~25厘米时即可陆续采收。收获时要根据市场行情适时采收上市。

第三节　早春黄瓜（番茄）—秋延韭菜栽培实用技术

一、黄瓜（番茄）—韭菜对环境条件的要求

（一）黄瓜—韭菜

此内容参照第三章第一节、第二节黄瓜和韭菜对环境条件的要求。

（二）番茄

番茄属于喜温性蔬菜，发芽期要求温度在25~30℃，幼苗生长以白天20~25℃，夜间10~15℃为宜。低于10℃，生长量下降，低于5℃，茎叶停止生长；锻炼后幼苗可忍耐5~6℃的低

温。开花坐果期对温度反应最为敏感，尤其在开花前后几天内要求颇为严格。最适宜的温度白天 25～30℃，夜间 15～20℃，低于 15℃或高于 35℃都不利于授粉受精，从而导致落花落果；结果期最适宜的温度白天 25～30℃，夜间 13～18℃。温度低时果实发育速度减缓，温度高时，果实生长速度加快，但坐果数减少；番茄根系生长要求适宜的土壤温度（5～10 厘米土层）为 10～22℃。

番茄是喜光作物，短日照植物，在由营养生长转向生殖生长过程中基本要求短日照，但要求并不严格，有些品种在短日照下可提前现蕾开花，多数品种则在 11～13 小时的日照下开花较早，植株生长健壮。在设施生产条件下，要注意通过延长光照时间，选择栽培方式、植株调整、每天坚持清扫棚膜上的灰尘及后墙增加反光幕等措施，增加光照，增加光合作用时间，以获得最佳的栽培效果。

番茄枝繁叶茂，蒸腾作用强盛，当植株进入旺盛生长期时需水较多，因此注意适量浇水，但由于其根系较发达，也不必经常大量浇水，特别是番茄不需要过高的空气湿度，如湿度过高，会诱发多种病害。一般保持在 45%～60% 为宜，可采用地膜覆盖浇水后大通风等措施来降低湿度。结果期是需水最多的时候，应及时补充水分，避免过干过湿，这样会引起果实脐腐病、裂果、根系生长不正常或烂根死秧等。

番茄对土壤条件要求不太严格，但为获得丰产，促进根系良好发育，应选用土层深厚，排水良好，富含有机质的肥沃壤土。土壤酸碱度以 pH 值 6～7 为宜。番茄是喜钾作物，在氮、磷、钾三要素中以钾的需要量最多，其次是氮、磷。磷对根系生长及开花结果有着特殊作用；钾对果实膨大、糖的合成及运输有重要作用。此外还需要硫、钙、镁、锰、锌、硼等元素。

二、栽培模式

早春黄瓜（番茄）：黄瓜选用早熟耐低温弱光，对病害多抗品种。1 月中下旬育苗，3 月上旬定植，4 月上中旬上市。平均行距 65 厘米，株距 25 ~ 30 厘米，每亩保苗 3 500 ~ 4 000 株。亩产量 1 万千克。

韭菜：选用高产、优质、抗逆性强的韭宝等品种。4 月上旬育苗，7 月下旬定植，10 月上旬上市。亩产量 5 000 千克。

三、栽培实用技术

（一）黄瓜栽培实用技术

1. 选用良种

选择抗病、丰产，适宜当地消费习惯的早熟品种，如津杂 3 号，津春 2 号、3 号、4 号等。

2. 苗床准备

早春大棚黄瓜一般采用营养钵育苗，栽 1 亩黄瓜需苗床 35 平方米左右，苗床一般做成 8 ~ 10 米长、宽 1.2 米、深 10 ~ 15 厘米，营养土按 2/3 的园土和 1/3 的精细腐熟农家肥混合，每 1 立方米营养土加三元复合肥 2.5 千克、80% 多菌灵可湿性粉剂 100 克，掺拌均匀，晒干备用。一般在播种前 7 天应将苗床和营养土准备好。

3. 播期

一般在元月中下旬播种。

4. 浸种浸芽

先用 50% 多菌灵和 50% 甲基托布津各 10 毫升，加水 2 千克，浸种 20 分钟后取出清水洗净；再把种子放在 55 ~ 60℃ 的热水中消毒，不要搅拌，15 分钟后，再换清水浸泡 2 ~ 4 小时，用清水洗净后，放于湿布袋内，在 25 ~ 30℃ 条件下催芽，经过 30 小时左右，待露白嘴时，即可播种。

5. 播种

播种时间一般在元月中下旬。把营养土装入10厘米×10厘米钵中，再把营养钵排入苗床上，钵间封严土。播前苗床浇足底水，待水下渗后撒0.5厘米厚底土，随即点播催芽种子，每个营养钵点一粒种子，之后盖0.5厘米厚的营养土。为防治苗期病害，盖种土要拌入多菌灵等杀菌剂。播种后在苗床上用竹片做小拱架，高0.5~0.6米，以便覆盖薄膜和草帘保温。

6. 苗期管理

（1）温度。温度主要依靠通风和覆盖草帘等进行调节。播种至出苗应保持较高的温度，以便出苗整齐，白天27~30℃，地温22~25℃。正常情况下5~7天齐苗。齐苗至第一次真叶展开时，开始通风换气，白天保持气温20~25℃，夜间15~17℃，此期间温度过低，会延长苗龄，易形成花打顶早衰现象，若温度过高易使幼苗陡长。定植前7~10天，以降温炼苗为主，白天气温保持15~20℃，加大通风、拉大昼夜温差，在定值前3~5天夜间气温可降至5~7℃，以抵御早春低温危害。

（2）光照。苗期以多见光为好，早晨太阳照到苗床即揭帘，下午阳光离开苗床即盖帘。

（3）水分。苗床浇水掌握气温低不浇，床土不干不浇，午后不浇，个别处干时个别处补浇，不能轻易浇大水和全面浇水。

（4）苗期防病。一般每隔7~10天喷1次杀菌药，喷药一般在晴天上午用药，以几种杀菌剂轮换使用效果更好。

大棚黄瓜在生产中常采用嫁接育苗，具体的嫁接育苗方法参照温室黄瓜嫁接方法。

7. 整地施肥

定植前要深翻整地，亩施农家肥5 000~10 000千克。在作畦前，再混施磷肥或多元复合肥20~25千克。黄瓜栽培一般采用宽窄行高垄定植，在畦间挑沟起垄，宽行距80厘米，窄行距

50 厘米，趁墒覆盖地膜，以便提温保墒。

8. 定植

大棚一般在 3 月上旬定植。定植前 20 天扣棚烤地增地温。定植时要求苗子茎粗、节短、色深绿、根系发达，4～5 片叶，苗龄 50 天左右。

定植最好在冷尾暖头天气的中午前后，定植时先铺地膜，按 25～30 厘米的株距开穴，放苗，浇水，覆土后地膜口要用土封严，以防漏气降温伤苗、保持棚内地面平整，上干下湿，利于降低棚内空气湿度。

9. 定植后管理

（1）温度控制。定植后大棚闭棚 7 天左右保温，促苗成活。白天温度控制 28～32℃，夜间 18～20℃为宜。晴天因气温回升则应揭开棚膜通风换气，阴雨天闭棚保温，至 4 月下旬，气温稳定在 15℃以上，即可撤膜。加强通风，促苗旺长。

（2）根瓜采收前的管理。缓苗后为加速生长可在地膜下浇 1 次井温水，也称缓苗水。白天温度 25～28℃，夜间温度 15～18℃，根瓜采收前追肥浇水，亩追施尿素 20 千克，钾肥 15 千克。

（3）结瓜期的管理。早春茬大棚黄瓜栽培在管理上采用“大水大肥高温促”的办法促瓜早上市。白天温度控制在 28～32℃，夜间温度 15～18℃，高温管理也能减轻病害的发生。7～10 天追肥浇水 1 次，每次亩追施尿素 20 千克、钾肥 20 千克、磷肥 10 千克。同时要从结瓜开始进行叶面喷肥，喷施 0.3% 尿素 +0.2% 磷酸二氢钾溶液，5～7 天喷 1 次。

初瓜期通风降湿早打药、防病促瓜控陡长，盛瓜期光、温、湿要协调，肥水齐攻多收瓜。

（4）人工授粉。棚内昆虫较少，要进行人工授粉。黄瓜开花当天，采下雄花花朵雄蕊对准雌花柱头涂抹几次，可达到授粉的目的。也可用保果素或920喷花保果，提高前期坐果率。

（5）整枝吊蔓。可纵向拉几道（与黄瓜行数相同）铁丝，然后用尼龙绳，下边拴在黄瓜茎基部，上端活扣在铁丝上，瓜蔓绕绳往上攀援，也可人工绕绳辅助攀援。秧顶要与棚膜保持40~60厘米距离，过长秧要落蔓。

10. 病虫害防治

早春大棚病害较多，主要有枯萎病、霜霉病、白粉病等，防治方法以预防为主，每7~10天喷1次以保护剂为主的药进行预防。发病初期用百菌清、杀毒矾等农药防治。虫害主要有蚜虫、红蜘蛛等，可用一遍净、灭扫利、灭螨锰等低毒农药防治。

（二）番茄栽培实用技术

1. 品种选择

应选择耐低温，耐弱光、抗病性强的早熟高产品种，金棚一号、百丽等。

2. 播种育苗

（1）播种期：一般在适宜温度的条件下，番茄70天可以达到现蕾定植的标准。大棚早春栽培一般于3月上旬定植，所以温室育苗的适播期安排在12月中旬。

（2）播种量：选色泽好、籽粒饱满，发芽率85%以上合格种子，每亩用种量20~30克。

（3）种子消毒。

①温汤浸种：用53~55℃温水，浸泡10分钟，期间不断搅动。然后在室温下浸泡10小时，捞出洗净，即可催芽或直播。

②药剂浸种：10%磷酸三钠溶液浸泡15~20分钟，然后用清水冲洗干净，再浸泡4~6小时，即可催芽或直播。

（4）催芽：把充分吸水的种子用湿毛巾包好，放在温度为25~28℃火炕上或电热恒温箱中。每天用自来水冲洗一次，经2~3天，大部分种子“露白尖”发芽时，即可播种。

(5) 播种：番茄育苗土应选择肥沃的大田土、腐熟的农家肥、细炉灰渣各1/3混合配成，装钵育苗，提前1~2天浇足底水，并在床面上覆盖地膜保湿。待床土温室达到20℃左右时，即可选择晴天上午播种。为预防苗期病害，可在播种前后撒施药土，每平方米苗床用50%多菌灵可湿性粉剂7~8克，与100倍细土调匀，在播种前后各撒一半。播种后种子上面覆土厚度为1厘米左右，最后床面用地膜覆盖增温保湿。

(6) 苗期管理：播种后提高室温，促使迅速出苗。苗床温度白天保持25~30℃，夜温保持20℃以上。幼苗出齐后应适当通风，增加光照，进行降温管理。水分管理上，前期一般不用浇水，中后期如有缺水卷叶现象，可适当点水。灌水后要根据苗子长势，加强通风锻炼，使床内温度不超过25℃，这样苗子的生长与花芽分化才会协调进行。夜间温度也应在10℃以上，若长期低于10℃，易形成畸形果。定植前1周，是幼苗主要生长期，白天掌握在18~20℃，夜间13~15℃。管理上要适当早揭苫晚盖苫，尽量增加光照时间。定植前1周要进行炼苗，白天15~20℃，夜间10~12℃。

壮苗标准：株高22~25厘米，茎粗0.6厘米以上，7~8片展开叶，叶片肥厚，深绿色，第一花序现花蕾，秧苗根系发育良好，无病虫害。

3. 定植

(1) 定植前的准备：整地与施肥：彻底清除前茬作物的枯枝烂叶，进行深翻整地，改善土壤理化性，保水保肥，减少病虫害。定植前要施足底肥，一般亩施5 000千克有机肥，有机肥应充分腐熟。

(2) 定植期及定植方法。

①定植期：棚内10厘米地温稳定在10℃左右即可定植，一般于3月上中旬定植，定植时间应选择在晴天上午。如果采用多

层覆盖，可于2月下旬定植。定植前20天左右扣棚，提高棚内地温，利于番茄定植后缓苗。

②定植方法：定植采用宽窄行起垄地膜覆盖的方法，宽行80厘米，窄行50～60厘米，株距30～40厘米，亩留苗2 500～3 000株左右。按宽行距起好垄，于垄内挑沟，垄上覆盖地膜，按株距开穴。于穴内浇水，待水渗下后，把苗坨放入穴内，埋土封穴。此法地温高，土壤不板结，幼苗长势强。卧栽法：用于徒长的番茄苗或过大苗定植。栽时顺行开沟，然后将幼苗根部及徒长的根茎贴于沟底卧栽。此法栽后幼苗高低一致，茎部长出不定根，增大番茄吸收面积。

4. 定植后管理

（1）温度：早春大棚番茄定植后一段时间内，由于外界低温，应以保温增温为主，夜间棚内可采用多层覆盖。缓苗后，棚内气温白天保持在25～30℃，夜间保持在15～20℃。随着气温回升，晴天阳光充足时，室温超过25℃要放风，午后温度降至20℃闭风。防止夜温过高，造成徒长。番茄开花期对温度反应比较敏感，特别是开花前5天至开花后3天，低于15℃和高于30℃都不利于开花和授粉、受精。结果期，白天适温25～28℃，夜间适温15～17℃，昼夜温差在10℃为宜；空气湿度45%～60%，土壤湿度85%～95%。特别是果实接近成熟时，棚温可稍提高2～3℃，加快果实红熟。但挂红线后不宜高温，否则会影响茄红素的形成，不利着色而影响品质。为保持适宜温度，当夜间最低温度不低于15℃时，可昼夜通风换气。

（2）浇水。

①定植水：不宜浇大水，以防温度低、湿度大，缓苗慢，发病。

②缓苗水：在定植后5～7天视苗情，选晴朗天气的上午浇暗水（水在地膜下走）或在定植行间开小沟或开穴浇水。第一

花序坐果前，土壤水分过多，易引起徒长，造成落花，因此，定植缓苗后，要控制浇水。

③催果水：第一穗果长至核桃大小时浇1次足水，以供果实膨大。

④盛果期水：盛果期番茄需水量大，因气温、棚温高，植株蒸腾量大，应增加浇水次数和灌水量，可4～5天浇1次水；浇水要匀，切勿忽干忽湿，以防裂果。

（3）追肥。一般追两次催秧促果肥。第一穗果实膨大（如核桃大）、第二穗果实坐住时追施，每亩用尿素20千克与50千克豆饼混合，离根部10厘米处开小沟埋施后浇水，或每亩随水冲施人粪尿250～500千克。第二穗果实长至核桃大时进行第二次追肥，每亩混施尿素20千克加硫酸钾10千克。还可结合病虫害防治喷洒0.5%的磷酸二氢钾根外施肥，对促进坐果和早熟有明显的作用。

（4）搭架和绑蔓。留3～4穗果多采用竹竿或秸秆为架材；留5～8穗果时视大棚结构的结实程度，可以采用绳吊蔓。温室内一般搭成直立架，便于通风透光，一般每穗果下绑蔓一次。

（5）植株调整。在番茄生长中必须及时打杈、搭架、捆蔓，疏花果、打老叶，否则植株生长过旺，田间通风透光条件差，湿度大，容易导致大田生长期晚疫病的发生和蔓延。

①整枝打杈：根据预定要保留的果穗数目进行。当植株达到3～4或5～8穗果时掐尖，在最后一穗果的上部要保留2个叶片。留3～4穗果多用单干整枝，只保留主干，摘除全部侧枝；5～8穗果可采取双干整枝，除主枝外，还保留第一花序下的侧枝。整枝打杈宜在下午进行，整枝的当天必须用64%杀毒矾可湿性粉剂800～1 000倍液或58%雷多米尔可湿性粉剂1 000倍液进行喷施，防止病菌从伤口侵入。

②保花保果与疏花疏果：前3穗花开时，需涂抹2,4-D或用

番茄灵等蘸花处理，可在药液中加入红墨水做标记。当每穗留3～4个果，对畸形果和坐果过多，要及时采取疏果措施。

③摘心：根据需要，当植株第3～4、第5～6或第7～8穗花序甩出，上边又长出2片真叶时，把生长点掐去，可加速果实生长、提早成熟。

④打老叶：到生产中后期，下部叶片老化，失去光合作用，影响通风透光，可将病叶、老叶打去，并深埋或烧掉。

（6）病虫害防治。

①疫病：用64%杀毒矾可湿性粉剂1 000倍液；或用58%雷多米尔可湿性粉剂1 000倍液；或用霜霉疫净、大生、丰米、疫诺、椒病菌等可湿性粉剂800～1 000倍液交替使用效果更佳。

②炭疽病：发病初期用10%世高800～1 500倍液；或用65%代森锌可湿性粉剂600倍液；用疽杀600～800倍液喷施；或用碳疽灵500～600倍液喷雾，或用甲基托布津500～800倍液喷雾。

③疮痂病：发病初期，用双高600～800倍液喷雾，每隔10～15天喷1次，连续喷2～3次；用77%可杀得可湿性微粒剂800～1 000倍液喷雾，间隔10～15天1次，连喷2～3次。

④病毒病：早期防治蚜虫。用10%吡虫啉或小虫克可湿性粉剂1 500倍液；或用高效氯氰菊酯800～1 000倍液进行防治。发病初期用20%病毒A可湿性粉剂600倍液；或用1.5%植病灵乳剂1 000倍液，隔7～10天喷1次，连喷3～4次；或用毒青、毒圣、病毒必克500～800倍液交替使用，间隔7～10天1次，连喷2～3次。

⑤枯萎病：用枯萎必克或用抗枯灵600～800倍液浇根；或用地菌消800～1 000倍液浇根；或用50%多菌灵500～800倍液浇根。

⑥青枯病：用农用链霉素、井岗霉素、青枯灵浇根。

⑦烟青虫：用1.8%阿维菌素乳油3 000倍液，或5%抑太保乳油2 500倍液喷雾防治，或用2.5%天王星1 000～1 500倍液喷雾防治。

⑧斑潜蝇：用1.8%阿维菌素乳油3 000倍液或用0.5%印楝素乳油1 000～1 500倍液喷雾防治。

5. 采收

在果实成熟期，根据市场、不同的品种和商品的需求适时采收，采摘少部果面转红至全部转红的果实，及时出售。采收过程中所用工具要清洁、卫生、无污染。

（三）韭菜栽培实用技术

1. 养根

育苗移栽养根株比直播长势好、均匀、产量高。早春化冻后及早播种，播前亩施优质农家肥5 000～8 000千克，平畦撒播；播后覆土并覆盖地膜保墒增温，促进早出苗，苗出齐后及时撤膜。只有韭菜鳞茎贮有大量的营养，在延迟栽培中才会有较高的产量。幼苗3～4片叶移至大棚。一般在6～7月前茬果菜腾茬后，整地施足有机肥，按行距30～35厘米开沟，沟底宽10厘米撮栽，撮距3～4厘米，每撮15株左右。移栽后浇水促缓苗，以保土壤湿润，见干后及时浇水。8月中旬至10月中旬是韭菜生长适期，也是肥水管理的关键时刻，此时期应追肥两次。8月上旬在韭菜将要旺盛生长时进行第一次追肥，亩施腐熟的饼肥或人粪尿200～500千克，在行间开沟施入追肥后浇一次大水，以后每隔5～6天浇1水，每隔两水追一次肥，亩施复合肥15千克，随天气转凉要减少浇水次数，保持土表面见干见湿，当气温降至5～10℃停止浇水追肥，为使鳞茎养分充足，秋季一般不收割。

2. 棚内管理

在塑料薄膜覆盖前15天，在露地收割韭菜一次，待新韭叶长出3厘米时追复合肥，亩施量15～20千克，并及时浇水，并覆盖塑料薄膜，如果市场不紧缺，也可在盖塑料薄膜后立即收割第一刀。收割和覆盖不可过晚，以免因外界低温使韭菜休眠，达不到延迟栽培的目的。覆盖初期外温较高，必须加强放风，防止徒长，可把四周的塑料薄膜大部分掀开，促使空气对流，保持白天不超过25℃，夜间不低于10℃，后期随外界气温下降，逐渐缩小通风口，减少通风时间。根据土壤情况及时浇水，保持土壤见干见湿，每收割一刀后，待新叶长出3~4厘米时追1次化肥，亩施复合肥15~20千克。

在覆盖后20~30天即可收割第二刀，在11月上中旬。第一刀是秋季生长的成株，第二刀在大棚中适宜的条件下长成，故前两刀产量较高。第三刀韭菜长期处在光照弱、日光光短、温度低的条件下，产量较低。每次收割都应适应浅下刀，最好在鳞茎上5厘米处收割，最后1次收割，可尽量深割，因割完刨除韭根(具体技术参照温室韭菜)。

第四节　大棚早春丝瓜栽培实用技术

一、丝瓜对环境条件的要求

丝瓜属喜高温、耐热力较强的蔬菜，不耐寒。植株生长发育的适宜温度是白天25~28℃，夜间12~20℃，15℃以下生长缓慢，10℃以下生长受到抑制，基本停止生长，5℃以下常受寒害。5℃是丝瓜的临界温度。

丝瓜属短日照植物，在短日照条件下能促使提早结瓜，坐第一个瓜的节位低；而给予长日照，结瓜期延迟，根瓜的节位提高。丝瓜在抽蔓期以前，需要短日照和稍高温度，以有利于茎叶生长和雌花分化形成；而在开花结瓜期是植株营养生长和生殖生长并进时期，需要较强的光照，以有利于促进营养生长和开花结瓜。

丝瓜喜潮湿、耐涝、不耐干旱，一生需要充足的水分条件。它要求土壤湿度较高，当土壤相对含水量达 65% ~85% 时最适宜丝瓜生长。丝瓜要求中等偏高的空气湿度，在旺盛生长时期所需的最低空气湿度不能低于 55%，适宜湿度为 75% ~85%。

丝瓜根系发达，对土壤的适应性较强，对土壤条件要求不严，在一般土壤条件下都能正常生长。但以土层深厚、土质疏松、有机质含量高、肥力强、通气性良好的壤土和沙壤土栽培最好。丝瓜的生长周期长，需较高的施肥量，特别在开花结瓜盛期，对钾肥、磷肥需量更大。所以在栽培大棚丝瓜时，要多施有机肥、磷素化肥和钾素化肥作基肥，氮素化肥不宜施得过多，以防引起植物徒长，延迟开花结瓜和化瓜。进入结瓜盛期，要增加速效钾、氮化肥供应，促使植株枝繁叶茂，生长茁壮，结瓜数量增多。丝瓜不耐盐碱，忌氯，不可施氯化钾肥。

二、栽培模式

大棚早春丝瓜于 1 月底至 2 月上旬采用温室营养钵或穴盘播种育苗，3 月上中旬定植。采用大行距 70 厘米，小行距 60 厘米栽植，株距 30 厘米，每亩 3 400株左右。如果管理得当，采收期能达到 8 月甚至 10 月。亩产量达 5 000千克以上，亩收入 2 万元左右。

三、栽培实用技术

丝瓜为一年生攀缘草本植物，根系比较发达，再生、吸收能力强。茎蔓性，主蔓长 4 ~5 米，有的长达 10 米以上。分枝能力强。每节有卷须。叶掌状或心脏形。雌雄异花同株，果短圆柱形至长圆柱形，有棱或无棱，表面有皱格或平滑。

丝瓜具有耐热怕冷，耐湿耐涝的特性。生长适宜温度为18 ~24℃，在 20 ~30℃，温度越高，生长越迅速，温度低于 20℃，特别是 15℃左右，生长缓慢，10℃以下生长受到抑制。

(一) 主要品种

大棚丝瓜宜选用植株生长旺盛、耐寒、适应强的品种，如五叶香丝瓜、上海香丝瓜、长沙肉丝瓜、湘潭肉丝瓜、早优一号、新早冠406、兴蔬美佳、兴蔬早佳等。

(二) 播种、育苗

适期早播，培育壮苗。于1月底至2月上旬采用温室营养钵或穴盘播种育苗。

丝瓜的种皮较厚，播种前应先浸种催芽。播前晒1~2天。再用10%磷酸三钠或用1 000倍的高锰酸钾溶液浸泡20分钟或采用50~60℃热水烫种10~15分钟。冷却后浸泡24小时，取出用湿布包好放在30~32℃的恒温条件下保湿催芽24~36小时，每天用清水淘洗1~2次，种子露白后即可播种。

1. 营养钵育苗

前一天用地下水浇透营养钵体，每钵播一粒，种子平放。播种深度一般为1.5~2厘米。然后加盖细潮营养土，撒施药土，覆盖地膜。

2. 穴盘育苗

将50孔穴盘摆平，上铺有机基质用手指打孔穴2厘米左右，每穴播种1粒，种子平放，再覆基质、药土，浇透水，上覆地膜。

3. 苗床管理

出苗前棚膜密封保温，棚温保持在30℃左右为宜，当一半以上幼芽开始破土时，除去地膜，棚温控制在25℃左右，晚上保持20℃左右。当幼苗第一片真叶破心后可提高棚温，白天保持在27~30℃，夜间20℃左右。小拱棚上夜间加盖草帘，白天太阳出来后揭去。

出苗前若发现床土较干，揭开缺水地方的地膜，可喷适量温水（30℃左右），喷后再轻轻盖上地膜。出苗后应使土壤湿度保持在田间最大持水量的85%左右。穴盘育苗需注意经常补水，当穴盘基质发干时即应补充水分，一般1~2天浇水1次。苗期基质湿度以40%~60%为宜，空气湿度为60%~79%为宜。苗期在保证不徒长的情况下可适当追肥，可用稀薄人粪尿或0.1%尿素追施1~2次。

移栽前7天逐步通风炼苗。

（三）施足基肥、高度密植

丝瓜对于土壤的要求不严格，但以肥沃、有机质丰富的土壤较宜。整地时施足基肥，一般每亩施优质有机肥5 000千克，磷酸二铵60千克，深翻整平，按小行距60厘米，大行距70厘米整成小高畦，按株距30厘米刨坑浇水定植，覆盖地膜。每亩3 400株左右。

3月上中旬当地表下15厘米地温稳定在15℃以上冷尾暖头的晴天于10：00至15：00定植。

（四）棚间管理

1. 调整好温度和光照

定植后用小拱棚覆盖7天左右，少通风，提高棚内温度，促进提早活棵。丝瓜在整个生长期都要求有较高的温度，生长最适温度为18~24℃，果实发育最适温度为24~28℃。管理中，白天大棚内温度保持在25~30℃，夜间保持在18℃左右。在丝瓜抽蔓前，可利用草苫适当控制日照时间，以促进茎叶生长和雌花分化。在开花结果期，要适时敞开草苫，充分利用阳光提高温度。

2. 搭架引蔓

苗高20厘米时，插支架，搭成高2米左右的“人”字架，放蔓后及时引蔓、绑蔓。为减少架杆占据空间和遮阳，可用铁丝或尼龙绳等直接系在大棚支架上，使其形成单行立式架，顶部不交叉，按原种植行距和密度垂直向上引蔓。蔓上架后，每4~5

片叶绑1次，可采用“S”形绑法。

3. 及时摘除侧蔓和卷须

在植株长到中期，还应隔株从根部剪断让其停止生长和适当剪去部分老蔓叶、雄花和小侧蔓，确保田间通风透光，标准掌握在架下面见到零碎的光斑。

4. 合理追肥

第一雌花授粉坐果后，距根部两侧各30厘米左右开穴，每亩施尿素25千克、腐熟饼肥50千克、氮磷钾复合肥20千克作果肥，促进瓜果膨大。第1批瓜采收后每亩追施尿素18千克作接力肥。

5. 防治畸形瓜、提高商品率

结瓜时，发现部分幼瓜生长弯曲或有卷须缠绕后，应及时在幼弯瓜下面吊一块小瓦片，使其逐渐长直，或将卷须去除，以提高瓜的商品率。还可根外喷施磷酸二氢钾、绿叶霸王等营养液来提高商品率。

6. 适时浇水追肥

丝瓜苗期需水量不大，可视墒情适当浇小水1~2次，当蔓长到5厘米左右时，结合再次培土，浇大水一次。开花结果以后，一般7~8天浇1次水。

7. 保花保果

用2,4-D涂花，可减少落花，显著提高坐果率。既可用毛笔蘸液涂于雌花柱头及花冠基部，也可直接把花在药液中浸蘸一下（要注意药液配制浓度，以免用量不当，产生畸形果）。涂抹时间应在上午8：00左右。或采用人工授粉，时间一般在上午7：00~10：00，将雄花的花粉均匀涂在雌花柱头上。每朵雄花授3朵左右的雌花。

（五）病虫害防治

丝瓜的主要病害有猝倒病、霜霉病、灰霉病、枯萎病、疫病、白粉病、炭疽病等，可用甲基托布津、百菌清、病毒A、多霉灵等农药进行防治。

虫害主要有黄守瓜、黑守瓜、潜叶绳和白粉虱等，可用阿维菌素、鱼藤精、扫虱灵等进行防治。

（六）采收

一般雌花开放后9~12天就可采收上市。采收盛期应每隔1天采收1次。采摘宜在早晨进行，采收一般至8月中下旬结束，如果管理得当，采收可延至10月甚至下霜前为止。

第五章　小拱棚瓜菜集约化栽培模式与实用技术

第一节　小拱棚西瓜/冬瓜—大白菜栽培实用技术

一、西瓜/冬瓜—大白菜对环境条件的要求

（一）西瓜

西瓜对环境条件的要求参照第四章第一节内容。

（二）冬瓜

冬瓜喜温耐热，怕寒冷，不耐霜冻。生长发育的适温范围为20～30℃，抽蔓期和开花结果期生长适温为25℃。

冬瓜属于短日照植物，但冬瓜对光照长短的适应性较广，对日照要求不太严格。冬瓜在正常的栽培条件下，每天有10～12小时的光照才能满足需要。

冬瓜是喜水、怕涝、耐旱的蔬菜，果实膨大期需消耗大量水分。冬瓜的根系发达，吸收能力很强，根际周围和土壤深层的水分均能吸收，所以又有较强的耐旱能力。不同的生育时期，需水量有所不同，一般植株生长量大时，需水量更大，特别是在定果以后，果实不断增大、增重，需水分最多。

冬瓜对土壤要求不太严格，适应性广，但又喜肥。以肥沃疏松、透水透气性良好的沙壤土生长最理想。冬瓜有一定的耐酸耐碱能力，适宜的pH值为5.5～7.6。瓜全生育期需氮最多，钾次之，磷稍少。

（三）大白菜

大白菜为半耐寒蔬菜，生长适温为10～22℃，其温度的变化最好是由高到低。发芽期和幼苗期的温度以20～25℃为宜，莲座期最好是17～22℃，结球期对温度的要求最严格，日均温度最好是10～22℃，以15～22℃最佳。高于25℃生长不良，10℃以下生长缓慢，5℃以下停止生长。

大白菜营养生长阶段必须有充足的光照，光照不足则会导致减产。

大白菜蒸腾量大，对土壤水分要求较高。幼苗期需水不多，但不能缺墒；莲座期需水较多，但需酌情蹲苗中耕；结球期需水量最大，应经常保持地面湿润。空气湿度则不宜太高，保持在70%左右即可。

白菜生长期长，生长速度快，产量高，需肥较多，最好是土层深厚，有机质多，便于排灌的沙壤土、壤土。对于氮肥的施用，既不能不足，也不能偏施，否则都会影响产量和品质。

二、栽培模式

（一）西瓜

春季小拱棚覆盖栽培。2月下旬温室播种，地热线加温育苗，苗龄35天左右，4月上旬定植，覆盖地膜，加盖小拱棚（小拱棚竹竿间距1米左右）。6月中旬上市。做畦时畦宽1.6米左右，栽植一行西瓜，株距50厘米左右，亩栽600多株，一般亩产2 500千克左右。

（二）冬瓜

与西瓜同一时期播种，同一时期定植。定植时每隔三棵西瓜定植一棵冬瓜，株距1.5米，亩栽280棵左右。7月底8月上旬当冬瓜果皮上茸毛消失，果皮暗绿或白粉布满，应及时收获，一般亩产4 000千克左右。

（三）大白菜

选用高产抗病耐贮藏的秋冬品种。采用育苗移栽，于8月上中旬播种育苗，9月上旬于冬瓜收获后整地起垄移栽定植。行距70厘米，株距45厘米，亩栽2 100株左右。于11月中下旬上冻前收获，一般亩产4 000～5 000千克。

三、栽培实用技术

（一）西瓜

1. 栽培季节与品种选择

春季早熟栽培可安排在2月底至3月初播种育苗，3月底至4月初定植，6月上中旬即可收获上市。选择早熟优质西瓜品种等。

2. 播前准备

营养土配制：选取肥土60%～70%，腐熟有机肥40%～30%，按比例混合均匀后，加硫酸钾复合肥1.5千克/立方米、多菌灵100克/立方米、敌百虫100毫升/立方米（对水均匀喷雾），拌匀后起堆，盖塑料薄膜密封堆沤。

营养钵钵体高10厘米、直径8厘米，于温室内整齐摆好，空隙用细土或沙土填满。将种子倒入55℃温水中，不断轻轻地搅拌，温度降至30℃时，再浸种6～8小时，捞起用湿纱布包好放在28～30℃的环境中催芽，每隔12小时用30℃温水冲洗种子1遍，种子露白即可播种。播种前将营养钵淋透水，播种时将种子平放，每个营养钵播种1粒，上盖1厘米厚疏松细土或沙土，覆盖浇足水后盖1层膜保湿，封严压实，搭盖小拱棚。

3. 培育壮苗

采用温室营养钵育苗。出苗前不要轻易揭膜，白天保持温度在30～35℃，夜晚保持在15～20℃；待有70%种子出苗时及时揭开地膜。西瓜出土后注意床内的温湿度管理，主要是通过及时揭、盖膜进行调节，出苗后白天保持25～30℃，夜晚保持18～

20℃。苗出齐后白天应逐渐通风，防止高温高湿，导致幼苗徒长；随着气温的升高，通风口可不关闭。棚内要配置温度计，根据温度通风，以确保及时调整棚内温度。苗床水分管理以保持营养土不现白为宜。过干时喷0.2%复合肥补水增肥，浇水在晴天上午进行，时间以晴天的16：00前为宜；过湿时应于晴天揭膜通风排湿，阴天撒干土吸湿，达到表土干爽不现白为度。定植前5~7天，幼苗有2~3片真叶时低温炼苗，选晴天浇施1次0.5%复合肥作送嫁肥，以备移栽。

4. 整地定植

宜选择背风向阳、地势高燥、土壤肥沃、富含有机质、排灌方便，4~6年未种过瓜类的田块，深耕翻晒30天以上，整畦施肥。每亩施腐熟农家肥3 000千克、硫酸钾复合肥40千克作基肥。定植后浇1次定植水，覆盖地膜，用土封严定植穴及地膜封口，并搭盖小拱棚。

5. 田间管理

定植后至揭小拱棚膜前，膜边埋伸蔓肥。追硫酸钾复合肥15千克/亩、碳铵20千克/亩。重施膨瓜肥是增产的主要措施，在70%瓜有鸡蛋大小时追施膨瓜肥，在离植株根部30~50厘米处每亩条施或穴施尿素10~20千克、硫酸钾15~20千克、腐熟菜饼肥30千克，追肥后根据天气情况浇足膨瓜水。开花后结合病虫害防治喷施叶面肥，用0.2%~0.5%磷酸二氢钾每隔7~10天喷雾1次；西瓜膨大期间，可叶面喷施农乐与富利硼，可达到促瓜膨大防空心的效果。挂果后一直保持畦面湿润，表土见黑不见白，雨后及时排除积水，遇干旱及时灌溉。成熟前10天左右停止浇水。

定植后10~15天，瓜蔓长到30~50厘米时，在晴天下午用土块压蔓，以后每隔7~8片叶压蔓1次。压蔓时在雌花位置的瓜蔓下面，用草将瓜蔓垫起，然后在前方压蔓，这样雌花离地面高，便于坐瓜。西瓜伸蔓后，一般晴天9：00揭膜，15：00盖膜。雨天、阴天不揭膜。如遇持续阴雨应在棚膜两侧留15厘米高的空隙透气；采用双蔓整枝，当主蔓长60～80厘米时，将基部分枝去掉，在3～5叶的叶腋内分枝中选1个培养成侧蔓，其余的一律抹除。整枝定蔓后要经常性抹芥，一直到坐瓜后才能停止，留瓜节位可选在主蔓第二至第三节位，侧蔓第二节位，每株选留2～3个瓜。授粉在每天6：00～10：00时进行，选择植株长势中等、刚开的大型雄花，连同花柄摘下，将花瓣外翻，露出雄蕊，将花粉轻轻涂抹在正开花的雌花柱头上，雌花应选子房大、花朵小，花梗弯曲、粗长、柱头标准的。1朵雄花可给2～4朵雌花授粉。留二茬瓜时，应在主蔓瓜接近成熟时才能选留。

在果实生长过程中，要注意遮阴，防止果面被阳光灼伤，中后期还应注意翻瓜，以保证果面颜色均匀美观和果肉成熟一致。翻瓜宜在午后进行，防止用力过度而扭断果柄。生长后期进行二三次翻瓜即可。

6. 病虫害防治

用50%多菌灵500倍液灌根防治枯萎病，用70%甲基托布津800～1 000倍液喷雾防治炭疽病、霜霉病、蔓枯病等。用48%乐斯本1 000倍液喷雾防治小地老虎，用20%吡虫啉1 500倍液喷雾防治瓜绢螟，用5%卡死克2 000倍液喷雾防治蚜虫。

7. 及时采收

判断西瓜成熟最可靠的方法是计算果实生长日数。一般早熟品种从谢花到成熟需28～30天，中熟品种需32～35天，晚熟品种约需40天成熟。当地销售的，果实9成熟采收；远销的则8成熟采收。不能采收过早，否则影响品质。第一批瓜采后，及时追肥、浇水、加强病虫害防治，促进第二批瓜生长，充分提高产量。

（二）冬瓜

1. 品种选择

选用抗病、丰产、耐贮藏、商品性好的广东黑皮冬瓜作为栽培品种。

2. 播种育苗

（1）种子处理：冬瓜种子因种皮较厚，不易吸水，播种前应进行浸种催芽和种子消毒。用瓜克宁 300 倍液浸种 20 分钟，预防苗期枯萎病、猝倒病等。再将种子浸在 55℃ 温水中，维持稳定温度 15 分钟，然后冷却至 30℃ 左右，用清水洗净后再浸泡 5～6 小时，捞起用湿纱布包裹放在 30℃ 左右的温度下催芽。在催芽过程中，应经常翻动和清洗种子，并保持湿润，以利出芽整齐。

（2）移苗定植：2 月下旬温室内育苗。提倡使用营养钵育苗，这样定植的冬瓜不伤根，生长健壮，没有缓苗期。苗期棚内注意通风降温去湿，通风时要小心，以免“闪苗”。之后逐渐增加通风量，进行低温炼苗。4 月上旬，冬瓜苗龄 40 天左右，3～4 片真叶时及时定植，定植宜早不宜晚，定植前 7～10 天浇水，以利起苗。定植时每 3 棵西瓜种 1 棵冬瓜，株距 1.5 米。栽后浇水稳苗。

3. 田间管理

定植后浇 1～2 次缓苗水，之后中耕松土，提高地温。秧蔓长到 5～6 片真叶时，施 1 次发棵肥，在畦的一侧每亩施复合肥 10～15 千克，尿素 8～10 千克，促进伸蔓，增加植株营养积累；第一朵雌花开放后控肥控水，防止徒长，有利于保花坐果。当果实长至 3～4 千克时加强肥水管理。亩施氮、磷、钾复合肥 15～20 千克，尿素 10～12 千克，氯化钾 8～10 千克。隔 10～15 天施一次，连续施 4～5 次。冬瓜生长需水量大，应及时灌水，于上午进行，灌至畦高 1/2 处待全畦湿润后排水，保持土壤湿润，雨期注意排除积水。

冬瓜茎蔓粗壮，结瓜期长，为减轻棚架的负担，增加节间不定根吸收养分、水分需要，延长瓜蔓寿命，要进行压蔓。压蔓方法是：选择晴天，在主蔓 3 ~4 个节位处压上泥块，压 2 ~3 段，使节间增生不定根，加大吸收养分能力。

4. 适时采收

冬瓜坐住后 30 ~40 天，瓜皮变成深黑色，表面绒毛褪尽后及时采收。为延长冬瓜的贮存期，在瓜接近成熟时要控制浇水次数。

5. 病虫害防治

可用50%的辛硫磷1 000 ~1 500倍液防治黄守瓜、瓜实蝇等害虫；用77%的可杀得可湿性粉剂 500 倍液防治疫病；用 25%的粉锈宁可湿性粉剂 2 000倍液防治白粉病。

（三）大白菜

秋冬季大白菜栽培是大白菜栽培的主要茬次，于初冬收获，贮藏供冬春食用，素有“一季栽培，半年供应”的说法。秋冬季大白菜栽培应针对不同的天气状况，采取有效措施，全面提高管理水平，控制或减轻病害发生，实现连年稳产、高产。

1. 整地

种大白菜地要深耕 20 ~27 厘米，然后把土地敲碎整平，作成 1. 3 ~1. 7 米宽的平畦或间距 56 ~60 厘米窄畦、高畦。

2. 重施基肥

大白菜生长期长，生长量大，需要大量肥效长而且能加强土壤保肥力的农家肥料。北方有“亩产万斤菜，亩施万斤肥”之说。在重施基肥的基础上，将氮磷钾搭配好。一般每亩施过磷酸钙 25 ~30 千克、草木灰 100 千克。基肥施入后，结合耕耙使基肥与土壤混合均匀。

3. 播种

采用高畦（垄）栽培。采用高畦灌溉方便，排水便利，行间通风透光好，能减轻大白菜霜毒病和软腐病的发生。高畦的距离为56～60厘米，畦高30～40厘米。大白菜的株距，一般早熟品种为33厘米，晚熟品种为50厘米。

采用育苗移栽方式，既可以更合理地安排茬口，又能延长大白菜前作的收获期，而又不延误大白菜的生长。同时，集中育苗也便于苗期管理，合理安排劳动力，还可节约用种量。移栽最好选择阴天或晴天傍晚进行。为了提高成活率，最好采用小苗带土移栽，栽后浇上定根水。不过另一方面，育苗移栽比较费工，栽苗后又需要有缓苗期，这就耽误了植株的生长，而且移栽时根部容易受伤，会导致苗期软腐病的发生。

4. 田间管理

（1）中耕、培土、除草：结合间苗进行中耕3次，分别在第二次间苗后、定苗后和莲座中期进行。中耕按照“头锄浅、二锄深、三锄不伤根”的原则进行。高垄栽培的还要遵循“深耪沟、浅耪背”的原则，结合中耕进行除草培土。培土就是将锄松的沟土培于垄侧和垄面，以利于保护根系，并使沟路畅通，便于排灌。

（2）追肥：大白菜定植成活后，就可开始追肥。每隔3～4天追1次15%的腐熟人粪尿，每亩用量4～5担。看天气和土壤干湿情况，将人粪尿对水施用，大白菜进入莲座期应增加追肥浓度，通常每隔5～7天，追1次30%的腐熟人粪尿，每亩用量15～20担。开始包心后，重施追肥并增施钾肥是增产的必要措施。每亩可施50%的腐熟人粪30～40担（1担约50千克重），并开沟追施草木灰100千克或硫酸钾10～15千克。这次施肥叫“灌心肥”。植株封行后，一般不再追肥。如果基肥不足，可在行间酌情施尿素。

（3）中耕培土：为了便于追肥，前期要松土，除草 2～3 次。特别是久雨转晴之后，应及时中耕炕地，促进根系生长。

（4）灌溉：大白菜播种后采取“三水齐苗，五水定棵”，小水勤浇的方法，以降低地温，促进根系发育。大白菜苗期应轻浇勤泼保湿润；莲座期间断性浇灌，见干见湿，适当练苗；结球时对水分要求较高，土壤干燥时可采用沟灌。灌水时应在傍晚或夜间地温降低后进行。要缓慢灌入，切忌满畦。水渗入土壤后，应及时排出余水。做到沟内不积水，畦面不见水，根系不缺水。一般来说，从莲座期结束后至结球中期，保持土壤湿润是争取大白菜丰产的关键之一。

（5）束叶和覆盖：大白菜的包心结球是它生长发育的必然规律，不需要束叶。但晚熟品种如遇严寒，为了促进结球良好，延迟采收供应，小雪后把外叶扶起来，用稻草绑好，并在上面盖上一层稻草式农用薄膜，能保护心叶免受冻害，还具有软化作用。

5. 病虫害防治

大白菜主要病害有病毒病、霜霉病、白斑病、软腐病。苗期浇降温水防治病毒病；用 40% 乙磷铝 300 倍液、70% 代森锰锌 500 倍液防治霜霉病；用 25% 多菌灵 500 倍液或 70% 代森锰锌防治白斑病，用 150 毫升/升硫酸链霉素防治软腐病。

大白菜主要害虫有黄曲条跳虫甲、蚜虫、菜青虫、甘蓝夜盗虫、地蛆等。在幼苗出土时，及时打药防治跳虫甲为害，每公顷用 120～150 千克除虫精粉或 90% 敌百虫 100 倍液。幼苗期注意防治蚜虫，用 40% 的乐果乳剂 2 500 倍液防治。在大白菜生育期，还应注意防治菜青虫和甘蓝夜盗虫。在 3 龄前可用 BT 乳剂，每公顷用 3～4.5 千克，加水 750 千克，每 7 天喷 1 次，连喷 2 次。或用敌杀死、速灭杀丁 1 500 倍液进行防治。8 月下旬至 9 月初用 100 倍敌百虫液灌根 1～2 次灭蛆。收获前要注意天气回暖，蚜虫易发生，一旦发生要快速消灭。

秋大白菜生长时间长，可分别在幼苗期和结球期叶面喷洒0.01%芸薹素481，可以显著增产。

6. 收获

大白菜成熟后一般于11月中下旬收获。要视当地天气情况具体而定。

第二节　小拱棚甜瓜/玉米—大白菜栽培实用技术

一、甜瓜/玉米—大白菜对环境条件的要求

（一）甜瓜

甜瓜对环境条件的要求与西瓜大致相同，播种期参考西瓜。甜瓜根系分布较浅，生长较快，易于木栓化，适于直播或采取保护根系措施育苗移栽。薄皮甜瓜起源于我国东南部，适应性强，分布很广，具有较强的耐旱能力，但膨大期需肥水较多，近年来，栽培效益较好。

（二）玉米

玉米是主要粮作物，产量高，且营养丰富，用途广泛。它不仅是食品和化工工业的原料，还是“饲料之王”，对畜牧业的发展有很大的促进作用。它喜光喜肥，具有光能利用率高、同化率高、吸肥能力强、生活力强、灌浆速度快、经济系数高等优点，在生理上具备了增产优势。

（三）大白菜

大白菜对环境条件的要求参考本章第一节内容。

二、栽培模式

（一）甜瓜

2月下旬至3月上旬温室育苗，4月上旬定植。一般栽培模式为甜瓜宽窄行种植，宽行85厘米，窄行45厘米，株距55厘

米，亩栽1 800株左右。栽后覆盖120厘米宽的地膜，搭小拱棚。6月中旬上市，一般亩产3 000千克。

（二）玉米

普通玉米选用大穗型优良品种，于5月上中旬点播于甜瓜行间。玉米宽窄行种植，甜瓜窄行变玉米宽行，甜瓜宽行变玉米窄行。宽行80厘米，窄行50厘米。株距22.8～25.6厘米，亩留苗4 000～4 500株。9月上旬收获，一般亩产650～750千克。如果种植甜玉米或糯玉米成熟更早，对种植大白菜更有利。

（三）大白菜

选用高产抗病耐贮藏的秋冬品种。采用育苗移栽，于8月上中旬播种育苗，9月上旬玉米收获后整地起垄移栽定植。行距70厘米，株距45厘米，亩栽2 100株左右。于11月中下旬上冻前收获，一般亩产4 000～5 000千克。

三、栽培实用技术

（一）甜瓜

春季甜瓜小拱棚栽培方式基本上与大棚栽培相似，但由于其保温性能较差，因此在栽培技术上与早春大棚栽培有所不同。

1. 品种选择

薄皮甜瓜品种较多，且各地名命名不一，应根据当地市场需求，栽培条件以及栽培目的来选择品种。

2. 播种期

甜瓜一般每亩需播种量150～200克，甜瓜早熟栽培可提前育苗，采用8厘米×8厘米的营养钵育苗，苗龄30～35天，地温稳定在15℃时即可定植。一般在2月下旬至3月上旬育苗，在温室内进行，具体操作方法参照大棚西瓜栽培育苗法。

3. 整地作畦

甜瓜进行小拱棚栽培也须冬季深翻，施肥量、施肥方法同大棚栽培。第二年立春后于定植前，打碎土块，整地作垄。作垄时应按小拱棚设置方向南北向为好。甜瓜宽窄行种植，宽行 85 厘米，窄行 45 厘米，株距 55 厘米，亩栽 1 800株左右。

4. 小拱棚设置

先在垄上覆盖 120 厘米宽的地膜，在其外面，用 2 ~ 3 厘米宽、2.2 ~ 2.4 米长竹片，两头削成斜面，插入土中插入深度 15 ~ 20 厘米，棚底宽 1 ~ 1.2 米，棚高 80 厘米，竹片间距 50 ~ 60 厘米，拱棚长度与畦长一致，拱棚上用宽 2.2 米多功能膜覆盖，拉紧膜后，四周用泥土压实，进行预热。

5. 适时定植

4 月上中旬，选苗龄 35 ~ 40 天有 3 ~ 4 片真叶健壮瓜苗，苗床内摘好心于晴天中午进行移栽。为缩短瓜苗暴露在露天的时间，因此移栽时，采取流水作业法，即边定植边盖膜，及时进行保温保湿。定植完毕，在棚两侧和棚两头膜上用土块压紧。

6. 合理密植

小拱棚栽培采用双蔓爬地栽培，瓜秧种在畦中间，两蔓反向伸展，株距 55 厘米，亩栽 1 800株左右。

7. 棚温管理

小拱棚保温性能比大棚差，受天气影响大，晴天棚温升温快，夜间降温也快，管理上要求更为严格。总的原则是早期以保温为主，定植后 7 ~ 10 天一般不揭膜，棚温控制在 30℃左右。若棚内空气湿度过高，可在晴天中午将小棚南头揭开通风；缓苗后幼苗开始生长，棚温要适当下降，白天维持在 25℃左右，夜间 12 ~ 15℃，用延长通风时间来调节；4 月下旬外界气温回升，晴天上午 10 时可先揭开南头后揭开北头棚膜加大通风，下午 15：00 ~ 16：00 时，先后关闭北头和南头棚膜；5 月上旬植株进入开花期，外界气温一般在 20 ~ 25℃，可揭开东或西侧棚膜，这不仅使温度适宜，还能充分见光，提供昆虫传粉机会，也有利于激素保果；5 月下旬，果实进入转熟阶段，小拱棚两侧棚膜都要揭开，顶膜以避雨为主，要挡住植株叶层和果实，以免发生裂果或降低果实含糖量。

8. 摘心与整枝、坐果与疏果

小拱棚栽培采用双蔓整枝法与大棚栽培相同，但由于其拱棚小，整枝时需揭起一侧棚膜，操作比较麻烦。因此，生产中应集中农事内容，尽量减少操作次数，如瓜苗移栽时已行摘心，则坐瓜前只要进行留蔓、坐果节位选定两次整枝即可。

甜瓜的整枝原则是，应将主蔓及早摘心，利用孙蔓结瓜的品种则对主蔓侧蔓均摘心，促发孙蔓结瓜。其整枝方式应根据品种的特性及栽培目的而定。

9. 双蔓整枝

用于子蔓结瓜的品种。在主蔓4~5片真叶时打顶摘心，选留上部2条健壮子蔓，垂直拉向瓜沟两侧，其余子蔓疏除。随着子蔓和孙蔓的生长，保留有瓜孙蔓，疏除无瓜孙蔓，并在孙蔓上只留1个瓜，留2~3片叶子摘心。也可采用幼苗2片真叶时掐尖，促使2片真叶的叶腋抽生子蔓。选好2条子蔓引向瓜沟两侧，不再摘心去杈，任其结果。

10. 多蔓整枝

用于孙蔓结瓜的品种，主蔓4~6片叶子时摘心，从长出的5~6片子蔓中选留上部较好的3~4条子蔓，分别引向瓜沟的不同方向，并留有瓜孙蔓，除去无瓜枝杈，若孙蔓化瓜，可对其摘心，促使曾孙蔓结瓜。

11. 浇水和追肥

甜瓜是一种需水又怕涝的植物，应根据气候、土壤及不同生育期生长状况等条件进行合理的浇水。苗期以控为主，加强中耕，松土保墒，进行适当蹲苗，需要浇水时，开沟浇暗水或撒水淋浇，水量宜小。伸蔓后期至坐果前，需水量较多，干旱时应及时浇水，以保花保果，但浇水不能过多，否则容易引起茎蔓徒长而化瓜。坐果后需水量较大，需保证充足的水分供应。一般应掌握地面微干就浇。果实快要成熟时控制浇水，增进果实成熟，提高品质。

甜瓜的追肥要注意氮磷钾的配合。原则是：轻追苗肥，重追结瓜肥。苗期有时只对生长弱的幼苗追肥，每亩施硫铵7.5~10千克，过磷酸钙15千克，在株间开7~10厘米的小穴施入覆土。营养生长期适当追施磷钾肥，一般在坐果后，挖沟在行间亩追施饼肥50~75千克，也可掺入硫酸钾10千克，生长期叶面喷施营养液2~3次，效果更好。

12. 采收

采收的要求与方法同于早春大棚栽培，需要注意的是小拱棚栽培，从开花到果实成熟的天数要延长二三天，不要盲目提早采收。

（二）玉米

1. 普通玉米栽培技术要点

（1）选用紧凑型优良品种。紧凑型品种具有光能利用率高、同化率高、吸肥能力强、生活力强、灌浆速度快、经济系数高等优点，在生理上具备了增产优势。根据品种对比试验，紧凑型品种比平展叶型品种亩增产15%左右。因此应根据当地情况选用比较适宜的紧凑型品种。另外，在播种以前，要做好晒种和微肥拌种工作。

（2）适时播种，合理密植。选用大穗型优良品种，于5月上中旬点播于甜瓜行间。玉米宽窄行种植，甜瓜窄行变玉米宽行，甜瓜宽行变玉米窄行。种植玉米密度可掌握在4 000~5 000株，种植方式为宽窄行，宽行80厘米，窄行50厘米，株距22.5~25.6厘米，单株留苗。

（3）科学管理，巧用肥水。玉米具有生育期短，生长快，需肥迅速，耐肥水等特点，所以必须根据其需要及时追肥，才能达到提高肥效，增加产量的目的。

苗期管理。为使玉米苗期达到“苗齐、苗匀、苗壮”的目的，苗期管理要突出一个“早”字。麦套玉米在麦收后，要早灭茬、早治虫、早定苗，争主动，促壮苗早发。

中期管理。玉米苗期生长较缓慢，吸收养分数量较少，拔节后生长迅速，养分吸收量猛增，抽雄到灌浆期达到高峰。中期是玉米营养生长与生殖生长并进阶段，是决定玉米穗大粒多的关键时期。根据玉米生长发育特点，生产上应按叶龄指数追肥法进行追肥，即在播种后25~30天，可见9~10片叶，一般亩追施碳铵50千克，过磷酸钙35~40千克，高产田块还可追施10千克硫酸钾。播种后45天，展开叶12~13片，可见17~18片叶，亩追施碳铵30千克。在中期根据土壤墒情重点浇好抽雄水。抽雄时进行人工授粉，授粉后去雄，节省养分。

后期管理。玉米生长后期，以生殖生长为主，是决定籽粒饱满程度的重要时期，要以防止早衰为目的。对出现脱肥的地块，用2%的尿素加磷酸二氢钾150克加水50千克进行叶面喷施。此期应浇好灌浆水，并酌情浇好送老水。

（4）适时收获。玉米果穗苞叶变黄，籽粒变硬，果穗中部籽粒乳腺消失，籽粒尖端出现黑色层，含水量降到33%以下时，为收获标准。

2. 甜玉米高产栽培

甜玉米是甜质型玉米的简称，因其籽粒在乳熟期含糖量高而得名。它与普通玉米的本质区别在于胚乳携带有与含糖量有关的隐性突变基因。根据所携带的控制基因，可分为不同的遗传类型，目前生产上用的有普通甜玉米、超甜玉米、脆甜玉米和加强甜玉米四种遗传类型。普通甜玉米受单隐性甜-1基因（*Su*1）控制，在籽粒乳熟期其含糖量可达8%~16%，是普通玉米的2~2.5倍，其中蔗糖含量约占2/3，还原糖约占1/3；超甜玉米受单隐性基因凹陷-2（*SH2*）控制，在授粉后20~25天，籽粒含糖量可达到20%~24%，比普通甜玉米含糖量高1倍，其中糖分以蔗糖为主，水溶性多糖仅占5%；脆甜玉米受脆弱-2（*Bt2*）基因控制，其甜度与超甜玉米相当；加强甜玉米是在某个特定甜质基因型的基础上又引入一些胚乳突变基因培育而成的新型甜玉米，受双隐性基因（*Su1Se*）控制，兼具普通甜玉米和超甜玉米的优点。甜玉米的用途和食用方法类似于蔬菜和水果的性质，蒸煮后可直接食用，所以又被称为"蔬菜玉米"和"水果玉米"。种植甜玉米应抓好以下几项关键措施。

（1）隔离种植避免异种类型玉米串粉。甜玉米必须与其他甜玉米隔离种植，一般可采取以下三种隔离措施。一是自然异障隔离。靠山头、树木、园林、村庄等自然环境屏障起到隔离作用，阻挡外来花粉传入。二是空间隔离。一般在400~500米空间应无其他玉米品种种植。三是时间隔离。利用调节播种期错开花期进行隔离，开花期至少错开20天以上。

（2）应用育苗移栽技术。由于甜玉米糖分转化成淀粉的速度比普通玉米慢，种子成熟后一般淀粉含量只有18%~20%，表现为凹陷干瘪状态，种子顶土能力弱，出苗率低，生产上常应用育苗移栽技术。采用育苗移栽不仅能提高发芽率和成苗率，从而节约种子和保证种植密度，而且还是早熟高产批品种栽培的关键技术环节。育苗时间以当地终霜期前25~30天为宜。一般采用较松软的基质育苗（多采用由草炭、蛭石、有机肥按6∶3∶1的比例配制的基质）。播种深度一般不超过0.5厘米，每穴点播1粒种子，将播种完的苗盘移到温度25~28℃、相对湿度80%的条件下催芽，催芽前要浇透水，当出苗率达到60%~70%后，将苗盘移到日光温室内进行培养，苗期日光温室培养对温度要求较为严格，一般白天应控制在21~26℃，夜间不低于10~12℃。如果白天室内温度超过33℃应注意及时放风降温防止徒长；夜间注意保温防冷害。在春季终霜期过后5~10厘米地温达18~20℃时，进行移栽。

(3) 合理密植。甜玉米适宜于规模种植，一般方形种植有利于传粉和保证品质。种植密度可根据土壤肥力程度和品种本身的特性来确定，应掌握“株型紧凑早熟矮小的品种宜密，株型高大晚熟的品种宜稀，水肥条件好的地块宜密，瘠薄地块宜稀”的原则，一般亩种植密度在3 300~3 500株。

(4) 加强田间管理。甜玉米生育期短且分蘖性强结穗率高，所以对肥水供应强度要求较高，种植时要重视施足底肥，适当追肥，这样才能保证穗大，并增加双穗率和保证品质。对于分蘖性强的品种，为保证主茎果穗有充足的养分、促进早熟，一般要将分蘖去除，不留痕迹，而且要进行多次。甜玉米品种多数还具有多穗性的特点，植株第一果穗作鲜食或加工，第二、第三果穗不易成穗，可在吐丝前采摘，用来制作玉米笋罐头或速冻玉米笋。为提高果穗的结实率，必要时可以进行人工辅助授粉。

拔节期管理。缓苗后，植株将拔节，此时可进行追肥，一般亩施尿素7.5千克，以利于根深秆壮。

穗期管理。在抽雄前7天左右应加强肥水管理，重施攻苞肥，亩施尿素12.5千克，以促进雌花生长和雌穗小化分化，增加穗粒数，此时还要注意采取措施控制营养生长，促进生殖生长。

结实期管理。此期由营养生长与生殖生长并重转入生殖生长，管理的关键是及时进行人工辅助授粉和防止干旱及时灌水。

(5) 适时采收。甜玉米优质高产适时采收是关键。采收过早，籽粒水分含量太高，水溶性和其他营养物质积累尚少，风味不佳，适口性差，产量也低；采收过晚，种皮硬化，糖分下降，籽粒脱水严重，品质下降。一般早熟品种采收期在授粉后18~24天，中晚熟品种采收期可适当推迟2~3天。

3. 糯玉米高产栽培

糯玉米是玉米属的一个亚种，起源于中国西南地区，是玉米第九条染色体上基因（*wx*）发生突变而形成的。籽粒呈硬粒型或半马齿型，成熟籽粒干燥后胚乳呈角质不透明、无光泽的蜡质状，因此由称蜡质玉米。根据籽粒颜色，糯玉米又可分为黄粒种和白粒种两种类型 。糯玉米籽粒中的淀粉完全是支链淀粉，而普通玉米的支链淀粉含量为72%，其余28%为直链淀粉。糯玉米的消化率可达85%，从营养学的角度讲，糯玉米是一种营养价值较高的玉米。其高产栽培应抓好以下几项关键措施。

（1）避免异种类型玉米串粉。要求方法同甜玉米。

（2）适期播种，合理密植。糯玉米春播时间应以地表温度稳定通过12℃为宜，育苗移栽或地膜覆盖可适当提早15天左右；播种可推迟到初霜前85～90天。若以出售鲜穗为目的可分期播种。重视早播和晚播拉长销售期，以提高种植效益。一般糯玉米种植密度为每亩3 300～3 500株。

（3）加强田间管理。和甜玉米一样，糯玉米生长期短，特别是授粉至收获只有20多天时间，要想高产优质对肥水条件要求较高，种植时要施足底肥，适时追肥，才能保证穗大粒多。对分蘖性强的品种，为保证主茎果穗有充足的养分并促进早熟，可将分蘖去除。为提高果穗的结实率，必要时可进行人工辅助授粉。

（4）适时采收。糯玉米必须适时收获，才能保证其固有品质。食用青嫩果穗，一般以授粉后25天左右采收为宜，采收过早不黏不甜，采收过迟风味差。用于制罐头的不宜过分成熟，否则籽粒变的僵硬，但也不宜过嫩，太嫩则产量降低。做整粒糯玉米罐头，应在蜡熟期采收。

（三）大白菜

大白菜栽培技术参照本章第一节内容。

第三节　小拱棚西瓜/花生栽培实用技术

一、西瓜/花生对环境条件的要求

(一) 西瓜

西瓜对环境条件的要求参照第四章第一节内容。

(二) 花生

花生耐旱、耐瘠性较强，但高产花生适宜的土壤条件应该是排水良好、土层深厚肥沃、黏沙土粒比例适中的沙壤或轻壤土。该类土壤因通透性好，并具有一定的保水能力，能较好地保证花生所需要的水、肥、气、热等条件，花生耐盐碱性差，pH 值为 8 时不能发芽。花生比较耐酸，但酸性土中钙、磷、钼等元素有效性差，并有高价铝、铁的毒害，不利花生生长。一般认为花生适宜的土壤 pH 值为 6.5 ~7。

二、栽培模式

(一) 西瓜

春季小拱棚覆盖栽培。2 月下旬温室播种，地热线加温育苗，苗龄 35 天左右，4 月上旬定植，覆盖地膜，加盖小拱棚(小拱棚竹竿间距 1 米左右)。6 月中旬上市。做畦时畦宽 1.6 米左右，栽植一行西瓜，株距 50 厘米左右，亩栽 600 多株，一般亩产 2 500千克左右。

(二) 花生

5 月上中旬在西瓜地内套种花生，每带套种 3 行花生，行距 40 厘米，穴距 17 ~ 18 厘米，每亩 7 350多穴，每穴 2 粒，亩产 300 千克以上。

三、栽培实用技术

(一) 西瓜

西瓜栽培技术参照本章第一节内容。

（二）花生

西瓜地套种花生，可以充分利用生长季节，提高复种指数，达到瓜油双丰收。近些年来，随着生产条件的改善，生产技术水平的提高，如何提高其种植经济效益，西瓜地套种花生种植模式应运而生，应根据瓜套花生的特点，抓好以下几项栽培措施。

1. 精选良种

根据套种的特点，花生种植应选用早中熟直立型品种，并精选饱满一致的籽粒做种，使之生长势强，为一播全苗打好基础。

2. 施足底肥

根据花生需肥特点和种植土壤特性及产量水平，应掌握有机肥为主，无机肥为辅，有机无机相结合的施肥原则，在增施有机肥的基础上，补施氮肥，增施磷、钾肥和微肥。套播花生主要依靠底肥，施用量应占总施用量的 80% ~90%，所以要施足底肥，高产地块，可亩施有机肥 2 000 ~3 000千克，过磷酸钙 40 ~50 千克，碳铵 30 千克左右，结合种植西瓜在播前耕地时作基肥撒施。

3. 适时套播，合理密植

播前晒种，分级粒选。播种前充分暴晒荚果，能打破种子休眠，提高生理活性，增加吸水能力，增强发芽势，提高发芽率。一般在播种前晒果 2 ~3 天，晒后剥壳。，同时选粒大、饱满、大小一致、种皮鲜亮的籽粒作种，不可大小粒混合播种，以免形成大小苗共生，大苗欺小苗，造成减产。据试验，播种一级种仁的比播混合种仁的增产 20% 以上，播种二级种仁的比播混合种仁的增产 10% 以上。

适时套播，合理密植可充分利用地力、肥力、光能资源，协调个体群体发育，达到高产。套一种的 3 行花生以 40 厘米等行距为宜，17 ~18 厘米穴距，每穴 2 粒。每亩种植 7 350多穴。一般套种时间在 5 月上中旬，套播花生应注意保证足墒，也可采取先播后浇的方法，争取足墒全苗。

4. 及时中耕，根除草荒

花生属半子叶出土的作物，及时中耕能促进个体发育，促第一、第二侧枝早发育，提高饱果率。瓜套花生，在出苗和瓜拉秧后土壤散墒较快，易形成板结，应及时中耕，防蔓直立上长，促第一、第二对侧枝发育，所以在出苗和瓜收后应随即中耕松土保墒、清棵除草。花生后期发生草荒对产量影响较大，且不易清除，所以，要注意在前期根除杂草。严重的地块可选用适当的除草剂进行化学防治。可在杂草三叶前亩用10.8%的高效盖草能25~35毫升对水50千克喷洒。

5. 增施肥料，配方施肥，应用叶面喷肥

增施肥料是套种花生增产的基础。施肥原则是在适当补充氮肥的基础上重施磷肥、钙肥及微肥，在中后期还应视情况喷施生长调节剂。没有施底肥的地块在始花期每亩施用10~15千克尿素和40~50千克过磷酸钙，高产地块还应增施10~20千克硫酸钙。在此基础上，中后期还应叶面喷施微肥和生长调节剂，以防叶片发黄、过早脱落和后期疯长。花生叶片吸肥能力较强，盛花期后可叶面喷施2%~3%的过磷酸钙澄清液，或用0.2%的磷酸二氢钾液，每亩每次50千克左右，可10天1次，连喷2~3次。同时，还要注意喷施多元素复合微肥。施足底肥的地块，只进行中后期中面喷肥。

6. 合理灌水和培土

花生是一种需水较多的作物，总的趋势是“两头少、中间多”，根据花生的需水规律，结合天气、墒情、植株生长情况进行适时灌排。如底墒充足，苗期一般不浇水，从开花到结果，需水量最多，占全生育期需水量的50%~60%。此期如遇干旱应及时灌水，要小水细浇，最好应用喷灌。另外，花生还具有“喜涝天，不喜涝地”和“地干不扎针，地湿不鼓粒”的特点，开花下针期正值雨季，如遇雨过多，容易引起茎叶徒长，土壤水分过多通气不良，也影响根系和荚果的正常发育，从而降低产量和品质，因此，还应注意排涝。根据土壤墒情和花生需水规律，在开花到结荚期注意灌水。瓜套花生多为平畦种植，所以在初花期结合追肥中耕适当进行培土起小垄，增产效果较好，但要注意不要埋压花生生长点。

7. 科学应用生长调节剂

花生要高产必须增施肥料和增加种植密度，在高产栽培条件下，如遇高温多雨季节，茎叶极易徒长，形成主茎长，侧枝短而细弱，田间郁弊而倒伏造成减产。所以在高水肥条件下应注意合理应用植物生长调节剂来控制徒长，可避免营养浪费，使养分尽可能地多向果实中转化，从而提高产量。该措施也是花生高产的关键措施之一，防止花生徒长常用的植物生长调节剂有多效唑等，喷施时间相当重要，如喷得过早，不但抑制了营养生长，而且也抑制了生殖生长，使果针入土时间延长，荚果发育缓慢，果壳变厚，出仁率降低，反而影响产量；如喷施过晚，起不到控旺作用。据试验，适宜的喷施时间是盛花末期，因为此期茎蔓生长比较旺盛，荚果发育也有一定基础，喷施后能起到控上促下的作用。一般在始花后 30 ~ 35 天，可亩用 15% 的多效唑可湿性粉 100 毫克/千克溶液 50 ~ 60 千克叶面喷施一次；在始花后 40 ~ 45 天，再亩用 15% 的多效唑可湿性粉 150 毫克/千克溶液 60 千克喷施于顶叶，以控制田间过早郁弊，促进光和产物转化速率，提高结荚率和饱果率。注意两种调节剂在使用时要严格掌握浓度，干旱年份还可适当降低使用浓度；一次高浓度使用不如分次低浓度使用；在晴朗天气时施用效果较好。

8. 适时收获，安全贮藏

花生是无限开花习性，荚果不可能同时成熟，故收获之时荚果有饱有秕。花生收获早晚和产量及品质有直接关系，收获过早，产量低，油分少，品质差；而收获过晚，果轻，落果多，损失大，休眠期短的品种易发芽，且低温下荚果难干燥，入仓后易发霉，另外也影响下茬作物种植。一般花生成熟的标致是地上植株长相衰退，生长停滞，顶端停止生长，上部叶片的感液运动不灵敏或消失，中下部叶片脱落，茎枝黄绿色，多数荚果充实饱满，珍珠豆型早熟品种的饱果指数达75%以上；中间型早中熟大果品种的饱果指数达65%以上；普通型中熟品种的饱果指数达45%以上。大部分荚果网纹清晰，种皮变薄，种粒饱满呈现原品种颜色。黄淮海农区一般在9月中旬收获，一些晚熟品种可适当晚收，但当日平均气温在12℃以下时，植株已停止生长，而且茎枝很快枯衰，应立即收获。

花生收获后如气温较高随即晾晒，有条件的可就地果向上、叶向下晒，摇果有响声时摘果再晒。待荚果含水率在10%以下，种仁含水率在9%以下时，选择通风干燥处安全贮藏。

第四节　小拱棚西瓜/三樱椒栽培实用技术

一、西瓜/三樱椒对环境条件的要求

（一）西瓜参照第四章第一节

（二）三樱椒

种子发芽最适温度为25～30℃；幼苗生长要求较高的温度，最适温度白天25～30℃，夜间15～18℃；随着植株生长，对温度的适应能力增强。开花阶段适温21～30℃，夜间16～20℃，低于10℃，高于35℃，均影响开花结果。

三樱椒要求中等的光照强度和光照时间，较耐弱光。过强的光照易引起日灼病，对生长不利。所以三樱椒可以与果树、玉米等高秆作物间作；三樱椒既不耐涝又不耐旱，当根系被水淹24～28小时后，天气转晴就会萎蔫枯死。土壤干旱时，根、叶生长

受抑，花生长迟缓，坐果率低，故要求土壤保持湿润状态，利于花的形成和果实正常生长。

三樱椒适宜疏松、保水、保肥、中性到微酸性土壤，种植时不要栽植在低洼积水的地块。氮、磷对花的形成发育有重要作用，钾对果实生长有重要作用。施肥时以有机肥为主，合理配施化肥。

二、栽培模式

西瓜：春季小拱棚覆盖栽培。2 月底温室播种，地热线加温育苗，苗龄 35 天左右，4 月上旬定植，覆盖地膜，加盖小拱棚（小拱棚竹竿间距 1 米左右）。1.8 米一带，种植一行西瓜，株距 45 厘米，亩栽 800 余株，一般亩产 2 500千克左右。

三樱椒：2 月底 3 月初温室育苗，4 月下旬移栽，地膜覆盖栽培，苗龄 60 天左右。种植模式是：每隔一棵西瓜栽一棵三樱椒，三樱椒的行距为 45 厘米，株距为 20 厘米，行向与西瓜行向垂直，亩栽 7 400株左右，一般亩产 350 千克左右。

三、栽培实用技术

（一）西瓜栽培实用技术

参照本章第一节。

（二）三樱椒栽培实用技术

1. 选用良种

可选用抗病、抗逆性强，适宜春季栽培的无限分枝、植株高大、椒果单生的优良品种。

2. 苗床播种

每平方米 15 厘米厚的苗床土掺入氮磷钾三元素（各含 16%）复合肥 0.2 千克，硼、锌肥 5 克，另加 0.5 千克草木灰。苗床土配制后进行消毒，每平方米 15 厘米厚的苗床土掺入50%的多菌灵可湿性粉剂 20 克，或用 70% 的甲基托布津可湿性粉剂 20 克，可防治立枯病、炭疽病。播种前将种子晾晒 2 ~ 3 天，然后用 10% 的高锰酸钾水溶液浸泡 15 分钟，再捞出冲洗干净，即可于2月底至3月初播种育苗。播种前给苗床喷足水，待水渗透后，将种子均匀撒入，随后用细土覆盖1厘米厚，最后喷水润床，对苗床增温，把地膜封严，提高土壤温度。白天温度控制在20℃，夜晚温度控制在10℃，10天左右即可出苗。苗出土后，应及时放风排湿，防止苗旺长，苗棚内白天温度控制在25～30℃，夜晚温度控制在15～20℃。由于早春自然光较弱，苗棚内光照普遍不足，应于晴朗的中午前后揭膜，增加光照强度，抑制苗徒长。另外，移栽前15天，应控制肥水，加大放风量，进行炼苗、蹲苗，防止出现高脚苗、旺长苗。

3. 定植

2月底至3月初育苗，育苗时间60天左右，4月下旬定植到西瓜田。定植前对苗床浇一次透水，促进苗生发新根，以便于起苗。起出的苗应随起、随栽、随浇定苗水。为了促进苗早发快长，可在定苗水中加入速效化肥，每亩用尿素4千克，磷酸二氢钾2千克，溶入1 500千克水中。

4. 田间管理

（1）中耕培土：及时中耕培土，可促进三樱椒根系生长发育，提高土壤温度，有利保墒。土壤水分较多时，中耕还可散湿，有利根系生长。

（2）追施肥料：如基肥充足，可根据植株长势适当追肥。可亩追施碳酸氢铵50～60千克，过磷酸钙50～60千克，硫酸钾20～30千克。如进行叶面喷肥更好，可喷0.3%的氮磷钾三元素（各含16%）复合肥水溶液，生育期可喷3～5次。

（3）浇水排水：三樱椒根系浅，怕旱怕涝，特别是盛果期，如缺水，产量会严重受影响。应小水勤浇，保持土壤湿润。高温天气忌中午浇水，以免降低土壤温度，造成落叶、落花、落果。

（4）摘心打顶：三樱椒枝型层次明显，一为主茎果枝，二为侧枝果枝，三为副侧枝果枝。其主要产量为副侧枝的果实组成，因此，主茎一现蕾应进行人工摘心，促发侧枝。副侧枝若发生晚，果实不能成熟，应及时摘除。

5. 病虫害防治

（1）病害：三樱椒的病害有猝倒病、立枯病、病毒病、疫病等，应及早防治，且要坚持防重于治的原则。7～8 月为疫病多发阶段，每7～8 天喷 1 次药，可选用多菌灵、百菌清等进行喷施。

（2）虫害：主要有棉铃虫、烟青虫和玉米螟等，可用高效氯氰菊酯3 000倍液或凯撒乳油5 000倍液等进行喷施。平时要勤查细看，要在虫少且小时防治。天气干旱时要注意防治红蜘蛛、蚜虫等。

6. 及时收获

三樱椒正常转红成熟后，于霜降前及时收获，以减少田间不必要的损失。

第六章　蔬菜病虫害综合防治技术

第一节　蔬菜病害

一、蔬菜病害的定义和发生的原因

蔬菜在生长发育过程中要有适宜的环境条件，如果由于不良的环境条件所影响，或者遭受生物的侵染，使蔬菜的正常生长和发育受到干扰和破坏，从生理机能到组织结构上发生一系列的变化，以至在外部形态上发生反常的表现，这就是蔬菜的病害。例如菜豆喜温暖不耐霜冻，如播期过早，幼苗出土后遇到低温多雨的天气，土壤潮湿，根系发育停滞并呈褐锈色，称为沤根。大白菜遭受软腐病菌侵染后，细菌在大白菜体内产生一种酶能溶解细胞间的中胶层，使被害部分细胞组织解体、腐烂，称为软腐病。前一种病害是由于气温过低和土壤积水引起的，后一种病害是寄生生物侵入后所致。

病害发生的原因称为病原。蔬菜病害的病原按其不同性质分为两大类：非生物因素和生物因素。非生物因素指蔬菜周围环境的因素。如阳光、水分、空气等，这些因素都是蔬菜生长发育过程中所必需的。如果由于温度过高过低、光照过强过弱等环境条件不适宜或者栽培技术不当，直接影响蔬菜生长发育，表现为不正常，使蔬菜发生病害。这种因素所引起的病害称为非传染性病害。这种病害是不会传染的，在田间受环境条件的变化而变化，环境好转可以恢复常态，没有蔓延传播的迹象，这类病又叫生理性病害。如烈日高温引起的日烧病，施肥不当引起的烧根，水分过多引起的沤根，缺钙使番茄得脐腐病，缺硼产生芹菜“茎裂病"、萝卜"褐心病"（不是细菌性黑心病）等。生物因素是指引起蔬菜发病的寄生物，这类寄生物称为病原生物，简称为病原物。侵染蔬菜作物的病原物主要有：真菌、细菌、病毒、线虫和寄生性种子植物等。由寄生物侵染引起的病害具有传染性，它有由表及里发展的病理变化过程和由点到面的蔓延流行过程，故称为传染性病害。

二、蔬菜病害的症状

传染性病害按其致病微生物的不同，可分为真菌性病害、细菌性病害、病毒病、线虫病等。不同的病害有不同的症状，它是寄主（蔬菜）内部发生一系列复杂病变的一种表现，包括外部的和内部的。但外部症状易为人们所察觉，表现也较明显，故常作为诊断病害时一个重要的依据。如果外部症状不明显，或者不能作出正确的判断时，还需要进一步作解剖，检查其内部症状。在一般情况下，诊断病害多数是围绕着病株的外部症状进行的。为了准确地便于诊断病害，症状可再分为病状和病征两个方面。

（一）病状

病状是受害植物发病后表现出的不正常状态，包括以下 5 种类型。

①变色。由于受害组织细胞内叶绿素的形成受阻或被破坏，或其他色素形成过多而使植株失去正常绿色，统称为变色，如花叶、黄化、褪绿、白化、着色（变紫、红等）。

②斑点（块）。局部组织和细胞受破坏而死亡，出现各种病斑。病斑大小不一，形状有圆形、纺锤形、不规则形、角斑、条斑等，颜色有褐、黑、灰、紫、白等。

③腐烂。病部较大面积的细胞崩解破坏或变软，称为腐烂，可细分为湿腐、软腐、干腐，根腐、茎腐、茎基腐、果腐等。如果幼苗基部腐烂并缢缩，造成腰折倒伏，为猝倒病；腐烂缢缩但直立而枯，则为立枯病。

④萎蔫。根腐烂、茎维管束受破坏或被大量菌体堵塞或因病菌产生的毒素使输导机能受阻水分供不上，部分枝叶或整株凋萎。

⑤畸形。病株或个别器官发育过旺或受到抑制，表现特异的形态称为畸形，包括肿瘤、丛枝、徒长、矮缩、皱叶、卷叶、蕨叶、根肿等。

（二）病征

病征是被害部位病原物本身所表现的特征，常见的类型有：

①霉状物。由致病真菌的菌丝和孢子梗组成的形状、颜色、疏密不同的各种霉。

②粉状物。由真菌的孢子、孢子梗、菌丝体密集成的粉，如白粉、锈粉、黑粉。

③粒状物。病部上现出针头般大小的小黑点或朱红色小点等。

④核状物。病部现出似菜籽粒或鼠粪状的黄白色、褐色或黑色的菌核。

⑤丝（绵）状物。病部现出缠绕状的白色或褐色丝状物。上述5种病征是真菌性病害的病征。

⑥脓状物。病部溢出乳白色或黄色的胶黏状物，俗称菌脓。这是细菌病害特有的症征。病毒病、线虫病没有病征，只有病状。

三、蔬菜病害的传播

在越冬或越夏场所的病原物必须传播到寄主植物上并与之接触后，才有可能发生初次侵染。在寄主上初次侵染形成后，在受害部位产生的病原物繁殖器官又必须通过各种办法，在寄主植物之间进行传播才能发生再次侵染。

部分病原物可能通过它本身的活动进行传播，但传播的范围是局部性的，绝大多数的病原物没有主动的传播能力，主要依靠自然因素和人为因素进行传播。自然因素中以风、雨水、昆虫和其他动物进行传播；在人为因素中，如带病的种苗调运、田间农业操作等所造成的传播最为重要。切断病原物的传播途径，是防治病害的一个有效方法。

（一）风力传播

又称气流传播。风力传播对真菌起主导作用，而细菌和病毒是不能由风力直接传播的，但细菌的菌痂和病残体可随风吹走，一些带病毒的昆虫可靠风力的影响作远距离的传播，但后两者的传播方法都是间接的。蔬菜作物的病原真菌大多数都是近距离传播的，主要表现为发病时间比较集中，先形成中心病株，然后从中心病株向四周扩展蔓延。

（二）雨水传播

植物病原细菌和一部分真菌孢子是由雨水或随水滴的飞溅传播的。土壤中的病原菌也可能随流水或灌溉水流动而传播。雨水传播大多数近距离传播。

（三）昆虫传播

昆虫传播与病毒的关系最密切，与细菌也有一定的关系，但与病原真菌的关系较小。昆虫传播病毒主要是通过它的口器在病株上吸住后，经过一定的时间再到健株上吸食，就能将病毒传到健株上，使之发病。有的昆虫只能传播一种病毒，有的能传播多种病毒。传播病毒的昆虫主要是半翅止刺吸式口器的昆虫，如蚜虫、蚜蝉等。其中少数螨类也是传播病毒的媒介（防虫实际上就是一种防治病毒病的有效措施）。

（四）人为传播

人类在进行农业操作过程中，常常无意识地帮助了病原物的传播。如整枝、嫁接、打杈等常常帮助那些汁液传染或接触传染的病毒病害扩散蔓延。对人为传播病害的防治主要是加强田间管理，选用无病种子，施用腐熟肥料，加强植物检疫等。

四、蔬菜几种病害的识别与防治

（一）主要真菌性病害的识别与防治

1. 疫病

黄瓜、冬瓜等瓜类，辣椒、番茄等茄果类，豇豆、菜豆等豆类蔬菜及韭菜等均有疫病为害，俗称“死藤”、“发瘟”。植株各部位均可受侵染，茎部多在分杈处（茎节上）、茎基部发病。此外，根部、叶、花、果都可受害，病部呈暗绿或褐色水浸状湿腐，常长出灰白色霉状物。高温多雨季节、低洼地易发病，发病后未及时防治便可迅速蔓延成灾。

2. 霜霉病

黄瓜、瓠瓜、西葫芦、苦瓜、冬瓜、西甜瓜、大（小）白菜、萝卜、甘蓝、芥菜、菠菜、生菜、莴笋、洋葱等蔬菜均可发生不同的霜霉菌。苗期即可发病，主要侵染叶片，病斑因受叶脉限制而呈多角形，由黄色转至黄褐色而干枯，叶背面常因不同菌而出现白色或灰色至紫色、黑色的霜霉状物。病原物主要靠气流传播，发展传染迅速，重病田一片枯黄，俗称“跑马干”。

3. 白粉病

黄瓜、西葫芦、南瓜、甜瓜、豌豆、菜豆、豇豆、辣椒、番茄等均可发生白粉病。主要为害叶片，叶片正反面被白色粉状霉所覆盖，影响光合作用，后期叶片黄褐色干枯，叶柄、茎部、豆荚也可染病。

4. 炭疽病

西甜瓜、黄瓜、冬瓜、瓠瓜等瓜类，菜豆、豇豆等豆类，辣（甜）椒、大（小）白菜、萝卜、菠菜、莲藕、山药、魔芋等均可发生炭疽病。为害叶片、茎、果实。在温暖（17～25℃）高湿地区易发病。叶片受害表现出近圆形的褐色斑点，常变薄如纸，易破裂穿孔。茎枝上病斑为近棱形。果实上现椭圆形或不规则形褐色凹斑，斑面上生不规则环纹，其上轮生小黑点或朱红色小点。

5. 枯萎病

番茄、茄子、辣椒、西瓜、黄瓜、冬瓜、甜瓜、豇豆、菜豆、莲藕等都有枯萎病为害，苗期、成株期均可受害，共同的特点是叶片自下而上先变黄后逐渐萎蔫，纵剖病茎可见维管束变褐，茎基部呈褐色湿腐，根亦变褐腐烂。潮湿时病部可现黄白色、粉红色或淡紫色的霉层。

6. 菌核病

甘蓝、白菜、萝卜、番茄、茄子、辣椒、马铃薯、莴笋、生菜、菜豆、黄瓜、胡萝卜、韭菜等均可发生菌核病，为害叶、茎和果实。受害部位呈水浸状腐烂（但无恶臭），表面密生白色絮状菌丝体，后期夹有白到黑色鼠粪状的菌核。

7. 灰霉病

番茄、茄子、辣椒、菜豆、南瓜、西葫芦、洋葱、韭菜、芹菜、莴笋等均可发生灰霉病。苗期及花、果、叶和茎都可受侵害。叶片发病一般由叶尖开始，病斑呈“V”字形，灰褐色。茎部受害后当病斑环绕1圈时，其上部萎蔫枯死。受害部呈水浸状腐烂，潮湿时病部密生灰色霉状物。湿度大、温度较低时易发病，冬春低温季节的苗床和棚室栽培的蔬菜常发病严重。

8. 锈病

菜豆、豇豆、蚕豆、毛豆、韭菜、洋葱、大葱等均可发生锈病，为害叶片、花梗、荚果。病部初呈椭圆形稍隆起的橙黄色小疱斑，后疱斑破裂散生橙黄色粉状物（夏孢子），后期病部现黑色疱斑，疱斑破裂散出黑粉（冬孢子）。

真菌性病害还有豆类、辣椒等茄果类、瓜类等多种蔬菜的根腐病，其根系及根茎部腐烂，植株萎蔫枯死；茄果类蔬菜的白绢病，受害病株茎基部和根部呈暗褐色水浸状，表面生白色绢丝状物，后期可出现菌核，病斑扩大绕茎1周后地上部萎蔫而死；茄果类及马铃薯的早疫病，叶片受害褐色病斑上有明显同心轮纹；番茄斑枯病，主要为害叶片，叶的正反面生较小（直径1.5～4.5毫米）的近圆形病斑，边缘暗绿色，中央灰白色，斑面散生黑色小点；茄子褐纹病，叶、茎和果实均可发病，病斑边缘深褐色，中央灰白，斑面有轮纹，着生许多黑色小粒点；十字花科蔬菜及瓜的根肿病，病株根部肿大呈瘤状；洋葱等葱类的紫斑病，病株叶和花梗上产生椭圆形或纺锤形紫褐色病斑，上生同心轮纹，潮湿时产生黑褐色霉状物；以及多种蔬菜苗期发生的猝倒病、立枯病等。

对上述病害要以栽培防治为主，如选用抗病品种；实行轮作；增施有机肥和磷钾肥；土地深耕，晒垡或冻垡；深沟高畦栽培，雨后及时排水；棚室用滴灌，盖地膜，适时通风排湿；高温闷棚法防治瓜类霜霉病；种子干热处理或温汤浸种；嫁接育苗防治枯萎病等土传病害。在栽培防治的基础上，发病之前最好施农药预防，发病初期一定要及时施药控制病害的发展。防治真菌性病害的药剂很多，常用的有波尔多液（白菜类等十字花科蔬菜不用波尔多液，瓜类只能用石灰半量式波尔多液）、可杀得、甲霜铜、络氨铜等铜制剂，防治效果较好，价格便宜，不产生抗药性；还可用多菌灵、百菌清（达科宁）、甲基托布津、代森锰锌、瑞毒霉、代森锰锌与瑞毒霉的复配剂雷多米尔、世高、普力克、克露、速克灵、乙膦铝、扑海因及敌力脱等。抗生素新农药宝丽安对多种真菌病害防效好，对动物无毒性；生物农药菌立停对真菌、细菌病害、病毒病都有较好防效；由铜制剂与抗生素混配的新型广谱杀菌剂加瑞农，对多种真菌和细菌性病害均有良好防效。而对白粉病、锈病用粉锈宁（白粉病还可用农抗120、福星等），白绢病和根肿病用五氯硝基苯，灰霉病用速克灵和新农药施佳乐防效更好。而安克对霜霉病、疫病有特效。对为害茎叶果实的病害宜用药液喷雾。为害根和茎基部及土传病害宜用药液灌根。为害整株的病害宜喷雾与灌根相结合。棚室栽培的蔬菜宜用一熏灵等烟雾剂熏烟，或用百菌清等粉尘剂喷粉。

（二）主要细菌性病害的识别与防治

1. 软腐病

白菜、甘蓝、花椰菜、辣（甜）椒、番茄、马铃薯、生菜、洋葱、胡萝卜、黄瓜、芋等多种蔬菜均可发生，病株叶萎垂，后软腐。病部腐烂发臭，溢出鼻涕状的黏液（菌脓）。姜瘟病也是这一类病。

2. 青枯病

番茄、辣椒、茄子、马铃薯、萝卜、毛豆、花生等30多科100多种植物均可受青枯病为害。病株自上而下逐渐萎蔫、枯死，叶片仍保持绿色，不脱落。纵剖茎部可见其维管束变褐色；切取一段病茎置于盛满清水的玻璃杯中，可见有乳白色絮状物（菌浓）溢出。高温高湿气候，低洼湿地，酸性沙性土种的作物易发病。

3. 细菌性斑点病

①辣（甜）椒、番茄的疮痂病，叶片上生不规则形褐色病斑，中部稍凹陷，表面呈疮痂状；果实上初生疱疹状褐色小斑点，扩大后为长圆形稍隆起的黑褐色疮痂状斑块。

②黄瓜、甜瓜、苦瓜、西瓜等瓜类的角斑病，叶片上初生油渍状（霜霉病为水渍状）斑点，扩大后呈多角形，淡黄色或灰白色，病斑有透光现象（霜霉病没有透光现象），干燥后易穿孔脱落（霜霉病不穿孔脱落），潮湿时病部叶背溢出白色黏液；病果上现水浸状褐色凹陷斑，分泌出白色黏液。

③甘蓝、花菜、白菜等蔬菜的黑腐病，叶片从叶缘现“V”字形扩展的黄褐色病斑，叶脉变黑呈网状。

④芋细菌性斑点病，为害叶片，现椭圆形或不规则形褐斑，边缘黑褐色，中央淡褐色，常发生龟裂或穿孔。

防治细菌性病害更要抓栽培措施，除上述对真菌性病害的栽培防治措施之外，还要及时灭虫，减少虫害伤口，少中耕或不中耕，小心进行田间作业，以减少伤口，避免病原菌从伤口入侵。防治细菌性病害的药剂较少，防效不太理想。主要用抗菌素如农用链霉素、新植霉素、加收米（春雷霉素）及DT、DTM等；用可杀得、加瑞农、络氨铜、代森铵等也有一定防效。而大白菜软腐病用菜丰宁，青枯病用生物农药康地雷德、青萎散效果较好。

（三）病毒病的识别与防治

白菜、萝卜等十字花科蔬菜以及瓜类、豆类、葱蒜类、菠菜、芹菜、莴笋等许多蔬菜均有病毒病为害。病毒病有四大病状。

①花叶。叶片出现浓绿与淡绿相间的斑驳，有的叶面凹凸不平。

②黄化。病株从嫩叶开始变黄，变脆，然后出现落叶、落花、落果。

③畸形。植株矮化、卷叶、皱缩、蕨叶、分枝极多，呈丛枝状。

④坏死。病株部分组织变褐坏死，表现为茎尖干枯（顶枯），茎、叶、果实出现条斑、环斑及坏死斑驳、黑点。病毒病多在高温、干旱条件下易发生，通过蚜虫等昆虫传播及机械接触时汁液传播，但喜温性植物遇到低温时也易发病。防治病毒病要选用抗病品种；种子用10%磷酸三钠浸种消毒；炎热季节遮阳降温，及时彻底灭蚜；及时拔除重病株；加强肥水管理，增强植株抗性；还可利用弱毒性病毒进行人工免疫，以减轻为害，如喷弱毒系N 14 + S52或NS83增抗剂，或喷病毒剂1号、病毒A、植病灵、病毒K、菌毒清、抗毒丰、盐酸吗啉胍铜及生物农药菌立停、医用病毒唑等，喷细胞分裂素、萘乙酸、云大120等生长调节剂及硫酸锌、高锰酸钾也有辅助作用。

（四）线虫病的识别与防治

番茄等茄果类，黄瓜等瓜类，菜豆等豆类，甘蓝、大白菜等十字花科蔬菜及芹菜、莴笋等均有线虫病为害。受害植株矮小、高温干旱时萎蔫，根系畸形，须根丛生，在侧根、须根上形成瘤状物，剖开瘤疖可见很小的白色小虫。防治线虫病要水旱轮作；深耕地，将分布线虫的3～9厘米深的表土翻入20厘米以下；用药剂处理土壤（撒施或沟施），主要药剂有米乐尔颗粒剂、棉隆微粒剂、克线磷等；发病初期用敌百虫、辛硫磷等药液灌根。

第二节　蔬菜害虫

一、蔬菜害虫的种类

为害蔬菜的昆虫、螨类、软体动物等统称为蔬菜害虫。国内已知的害虫约400种。可分为地下害虫、食叶害虫、刺吸害虫及蛀食害虫等几类。发生较重的害虫主要有小菜蛾、甜菜夜蛾、黄曲条跳甲、菜青虫、蚜虫类、斜纹夜蛾、美洲斑潜蝇、豆荚螟、廿八星瓢虫及地下害虫、螨类等。这些害虫为害蔬菜后，它们取食蔬菜的组织、器官，干扰和破坏作物正常生长，造成减产和质量下降。除造成直接损失外，一些害虫还可传播植物病害，造成严重的间接为害。

蔬菜害虫可以根据不同的特征和习性进行多种方式归类。如根据害虫在植株上的为害部位可分为地下害虫和地上害虫；根据害虫取食特性可分为取食固体食物的咀嚼类口器害虫和取食液体食物的刺吸类口器害虫；根据动物分类学原理可分为害虫、螨类和软体动物。在害虫中，又可根据形态特征归属到不同的目、科。下面依据动物分类学原理对蔬菜主要害虫作简要归类。

（一）鳞翅目害虫

成虫通称蛾或蝶。一生中经过卵、幼虫、蛹、成虫四个虫态，幼虫通称为青虫、毛毛虫等。以幼虫咬食作物的根、茎、叶、果实等，是蔬菜害虫的一个主要类群。在十字花科蔬菜中，主要害虫多为鳞翅目昆虫，如菜蛾、菜粉蝶、斜纹夜蛾、甜菜夜蛾、棉铃虫、小地老虎等。

（二）同翅目害虫

口器刺吸式。成虫个体一般较小，前翅质地一致，膜质或革质。一生中经过卵、若虫、成虫三个虫态，其中蚜虫常以孤雌胎生方式繁殖，故种群中常只出现若虫、成虫两个虫态。若虫、成虫常群集在植株叶片和嫩茎上吸吮汁液，并能传播蔬菜病毒病，是蔬菜害虫中另一个主要类群。这一类害虫主要包括蚜虫和粉虱，如桃蚜、萝卜蚜、甘蓝蚜、烟粉虱、白粉虱等，其次是一些叶蝉等。

（三）鞘翅目害虫

成虫通称为甲虫。幼虫中有许多称为蛴螬。一生中经过卵、幼虫、蛹、成虫四个虫态。为害蔬菜的多数以幼虫在地下取食根或块茎，成虫取食叶片，如黄曲条跳甲、东北大黑金龟子、华北大黑金龟子、江南大黑金龟子、铜绿金龟子等。

（四）双翅目害虫

成虫通称为蝇、蚊等。一生中经过卵、幼虫、蛹和成虫四个虫态。为害蔬菜的主要是蝇，其幼虫通称为蛆，以幼虫取食植株根部或潜入叶肉等组织为害。如萝卜地种蝇、豌豆潜叶蝇、美洲斑潜蝇等。

（五）螨类

为害蔬菜的主要是叶螨。一生中经过卵、幼螨（三对足）、若螨（四对足）、成螨四个阶段。常以幼螨、若螨、成螨群集在植物叶片上，刺吸汁液。在茄科和葫芦科蔬菜上，叶螨常为一类主要害虫，如茶黄螨、红蜘蛛等。

（六）软体动物

主要是蜗牛和蛞蝓。蜗牛以幼贝、成贝用齿舌刮食植物叶、茎，或咬断幼苗。常见的有灰巴蜗牛、同型巴蜗牛。蛞蝓以幼体和成体取食叶片，常见的有野蛞蝓。在地下水位高、潮湿的菜地里，蜗牛和蛞蝓常可造成严重为害。

二、蔬菜害虫的为害方式

（一）为害方式

害虫的为害方式主要取决于各种害虫的形态构造和生物学特性。直接为害主要通过取食植物体而造成，故为害方式可依据害虫的取食习性归为以下几类。

①咬食。如菜蛾、菜粉蝶、斜纹夜蛾、甜菜夜蛾等咬食植物叶片；小地老虎、蛴螬等咬食植株的根和茎。

②刺吸汁液。如各种蚜虫、叶螨、烟粉虱刺吸植物叶、芽、茎等器官的汁液。

③蛀食。地蛆、黄曲条跳甲幼虫等蛀食植物花蕾、果实、种子、茎或根。

④潜叶为害。如豌豆潜叶蝇、菜蛾低龄幼虫等潜入叶片内取食叶肉组织。除取食外，其他的为害方式还包括：传播植物病害，如蚜虫传播多种病毒病；分泌大量蜜露于叶片上，影响光合作用并导致霉污病，如蚜虫等。

（二）受害症状

植物受害的症状常依为害方式而异。但同一为害方式也可造成不同的受害症状。如叶片受害可导致被咬食的叶片常出现孔洞或缺刻，或仅留叶脉，或叶肉被食仅留透的表皮；被刺吸的叶片常出现卷缩、发黄、生长停滞，受叶螨刺吸为害的叶片多呈火红色；叶肉被潜食的常形成白色弯曲的隧道等。花、果实等受害常造成蛀孔、留有虫粪等。根、茎受害后常造成幼苗萎蔫、断苗、死苗。

三、害虫发生与环境条件的关系

在蔬菜田生态系统中，蔬菜害虫发生、为害受诸多方面因素的综合影响。如气候、食物及天敌等。协调运用这些因素进行害虫的综合治理，应当成为以蔬菜作物为中心的蔬菜生态系统的一个基本原则。

（一）气候因素

包括温度、湿度和降水、光、风等，以温、湿度的影响最大。昆虫是变温动物，其正常生命活动范围，一般在8～36℃。温度过高、过低常导致害虫大量死亡。湿度对害虫发生影响依虫而异，如咬食植物叶片的害虫，一般在70%～80%相对湿度对其较为有利；而潜蛀性或刺吸汁液的害虫，大气湿度变化往往无直接影响。干旱往往使植株体液更适合于取食，有利于刺吸式口器害虫的发生，如蚜虫、螨类等。暴雨不利于昆虫活动，还可将虫体冲落地面致死。光照可影响害虫的行为和滞育。微风有利于害虫的扩散，暴风则可抑制害虫的活动。

（二）土壤因素

许多害虫生活史的一部分时间在土壤之中，如多数鳞翅目、鞘翅目害虫。一些害虫的主要为害期在地下，称地下害虫，如小地老虎、地蛆、蛴螬等。土壤的温度、含水量、物理性状、化学成分及生物区系除影响作物生长而间接影响害虫外，可对害虫发生产生直接影响，如种蝇、细胸金针虫多分布在土壤湿度较高的平原；蛴螬多在松软的沙土和沙壤中活动。

（三）食料因素

寄主植物的不同种类，同一种植物的不同器官、不同生育期或不同生长势，对害虫的营养价值都可有差别，从而影响害虫的生长发育速率、存活率、生殖力及行为。另一方面，害虫的取食并不一定都会造成蔬菜产量的损失，相反有时还会促进其产量的增长。实验表明，结球甘蓝、花椰菜和青花菜除结球始期对害虫的取食比较敏感外，在其他发育时期都对害虫的取食有一定程度的忍耐和补偿能力。

（四）天敌因素

害虫的天敌包括病原微生物、食虫昆虫和其他食虫动物。能引起昆虫疾病的微生物有细菌、真菌、病毒、原生动物和线虫等。害虫感染这类病原微生物之后，可形成流行病而大量死亡。还可将病原菌生产成各种制剂，用于防治害虫，如苏云金杆菌制剂广泛用于防治蔬菜上的鳞翅目害虫，不仅效果较好，且对人畜及环境安全。食虫昆虫包括捕食性和寄生性两大类。捕食性昆虫常见的有瓢虫、草蛉、螳螂、猎蝽、食蚜蝇等。寄生性昆虫常见的有赤眼蜂、茧蜂、姬蜂、小蜂等各种寄生蜂及一些寄生蝇。其他食虫动物常见的有蜘蛛、鸟类、青蛙等。菜地生态系统中有丰富的天敌资源。

四、蔬菜害虫发生的主要特点

蔬菜作物最大特点是栽培品种多、茬口复杂、间套种形式多样等。有一年两茬的，有一年三茬中采用间作、套作可达 3 ~ 4 熟，甚至 5 ~ 6 熟；一些蔬菜品种，如白菜，基本上可随时播种和收获。由于蔬菜栽培制度极为复杂，使得蔬菜害虫发生规律也十分复杂。主要表现在。

①同一种蔬菜，在一个地区一年中因栽培时期不同，害虫的发生种类、为害程度差异很大。

②在同一种植区的同一时期，不同地块上的同一种蔬菜，虽然生长期基本一致，但害虫的优势种及数量水平可有明显差异。

③多食性害虫常暴发成灾，年间数量变化大。对于一个蔬菜种植区来说，大多数主要害虫及其季节消长规律在较长时间（10 年或更长）内基本上还是稳定的。如菜蛾、菜粉蝶一年中有两个发生高峰，分别出现在春末夏初和秋季；桃蚜一年中也有两个高峰，分别出现在春末夏秋和秋末冬初；斜纹夜蛾的发生高峰

则出现在盛夏至秋初的高温季节。在保护设施中，一些露地有休眠越冬习性的害虫，冬季可继续繁殖，使发生基数增加，发生世代增多；一些在露地活动越冬但死亡率很高的害虫，在保护地中存活率和繁殖力都大幅度上升，大量发生为害期提早，如桃蚜、萝卜蚜、瓜蚜、红蜘蛛等；一些在露地不能越冬的害虫，冬季在温室中可继续繁殖并形成虫源地，如北方寒冷地区的白粉虱。在保护地中，天敌往往被隔离在外，暴雨、大风等自然致死因子的作用被大大减弱，而温度又有利于害虫增殖，这种条件往往使个体小、繁殖力高、世代重叠的害虫容易暴发成灾，如蚜虫、叶螨、烟粉虱、蓟马等。

保护地栽培对害虫的发生也有一定的抑制作用。如由于生长期提早可避开或减轻害虫的发生期。又如，防虫网等覆盖材料可有效地阻止害虫的侵入或产卵。

五、防治蔬菜害虫的几点措施

（一）药剂浸根

蔬菜定植前、分苗前用50%辛硫磷乳剂1 000倍液浸根或灌根，可消灭地下害虫，防止害虫进入菜田。

（二）消灭害虫于苗床之中

定植前，在苗床内集中喷药，防止蚜虫等害虫带入菜田，增加防治难度。

（三）人工灭虫

经常在田间检查，发现虫卵、幼虫集中地和成虫集中地，用人工摘除方法灭虫。

（四）趋光诱杀

是指利用昆虫对光有很强的趋性来诱集害虫，同时使用物理的或化学的方法将害虫集中杀灭。依据这个原理可以设计多种光诱捕器。广泛应用的有黑光灯、高压汞灯和频振式杀虫灯等。其中，频振式杀虫效果很好，能诱杀菜田的害虫涉及17科30多种，包括斜纹夜蛾、甜菜夜蛾、豆野螟、地老虎、大猿叶虫、跳甲、蝼蛄等主要害虫，一般每公顷菜地设1盏黑光灯，灯下放一盆溶有少量洗衣粉的水。此外，还可利用地老虎、甘蓝夜蛾等害虫成虫的趋光性、趋化性，在成虫发生期在田间设糖醋诱虫液、性诱杀剂等诱杀成虫，以减少产卵量。

（五）喷灌

有条件的地方利用喷灌设施，喷出的水流可消灭部分蚜虫和白粉虱。

（六）黄板诱杀

黄板诱杀作用原理就是利用害虫对黄色较强的趋性，诱杀像潜叶蝇、白飞虱、翅蚜等小型害虫，是一种行之有效的无公害物理灭虱措施，对斑潜蝇、白飞虱、蚜虫等诱杀率达70%以上，采用色板诱杀害虫无污染，对人畜无害，操作简单、见效快。减少防治4～5次，提高产量10%～15%。方法是：每亩用25厘米×40厘米的黄板25块，一般每个大棚10～12块，彩用蛇形安装，略高于所种植的蔬菜即可，安装一段时间后，一旦黄板粘满害虫，应立即更换或重新涂抹机油后再使用，但成品黄板的诱杀效果要明显高于自制的或重新涂油的旧黄板。

（七）撒毒谷、毒土

在田间撒拌有敌百虫的麦麸可毒杀蝼蛄。撒伴有敌百虫的毒土，可毒杀蛴螬。

（八）生物防治

大致可以分为以虫治虫、以鸟治虫和以菌治虫三大类。它是降低杂草和害虫等有害生物种群密度的一种方法。它利用了生物物种间的相互关系，以一种或一类生物抑制另一种另一类生物。它的最大优点是不污染环境，是农药等非生物防治病虫害方法所不能比的。如：在温室白粉虱发生初期，释放丽蚜小蜂，每12～14天1次，可消灭大量的白粉虱。

（九）生物药剂防治

利用生物药剂如济阳霉素、灭幼脲3号等无公害生物农药防治红蜘蛛、甘蓝夜蛾等害虫，可有效地减少农药残毒污染。

（十）高温杀虫

高温杀虫是指利用持续高温使害虫体内蛋白质变性失活，酶系统受到破坏而使害虫最终死亡。方法有三：一是温汤浸种。瓜类、茄果类蔬菜的种子用55℃左右的温水浸种10～15分钟，豆科和十字花科蔬菜种子用40～50℃温水浸种10～15分钟，都能起到对种子消毒杀菌和杀灭虫卵与预防苗期发病的作用。二是高温闷棚，夏季在菜地上覆盖地膜，利用阳光高温，在60℃以上的温度条件下处理7～10天，可杀死土表和棚内的病菌、虫卵和害虫。三是高温堆肥杀灭害虫。作为蔬菜基肥的有机肥或土杂肥，多带有病菌和害虫，在使用前1～2个月进行发酵处理，使堆温达到70℃，可有效地杀灭病虫害。

（十一）化学药剂防治

在害虫发生较严重时，必须进行化学药剂防治。化学药剂的施用要遵守保护天敌、喷药与采收有足够的安全间隔时期、低毒、低残留等原则。

每一害虫的生命周期都有一段抗药性最弱和最强的时期。如在幼虫初孵化群聚期的抗药性最弱，此期施药效果最好，也较省工。而在害虫蛹期的抗药性最强，此期施药往往事倍功半。因此，在防治害虫施用药剂时，一定要选择合适的时间。

第三节　蔬菜的病虫害综合防治

蔬菜病虫害的防治，必须贯彻“预防为主，综合防治”的方针。从农业生产的全局出发，以预防为主，创造不利于病虫发生为害、有利于作物生长发育和有益生物存在繁殖的条件。要因地、因时、因病害发生的种类，因地制宜地协调运用必要的防治措施，首先要加强植物检疫，然后做到农业、物理、生物、化学等防治措施的综合运用，以达到最好的防治效果。

一、加强植物检疫

根据国家的植物检疫法规、规章，严格执行检疫措施，防止危险性病虫杂草如黄瓜黑星病、番茄溃疡病、美洲斑潜蝇等有害生物随蔬菜种子、秧苗、植株等的调运而传播蔓延。

二、农业技术防治

农业技术防治就是利用农业生产中的耕作栽培技术，调整和改善作物的生长环境，以增强作物对病、虫、草害的抵抗力，来消灭、避免或减轻病虫害的方法，是抑制和消灭病虫害、夺取丰产丰收的根本措施。

（一）选用抗（耐）病虫品种

选用抗（耐）病虫品种是防治蔬菜病虫害最根本的既经济又有效的措施。可以结合当地种植的蔬菜种类和病虫发生情况，因地制宜选用抗病虫品种，减轻病虫为害。

（二）培育壮苗

培育无病壮苗，防止苗期病虫害。育苗场地应与生产地隔离，防止生产地病虫传入。育苗前苗床（或苗房）彻底清除枯枝残叶和杂草。可采用培养钵育苗，营养土要用无病土，同时施用腐熟的有机肥。加强育苗管理，及时处理病虫害，最后汰除病苗，选用无病虫壮苗移植。

（三）清洁田园

病虫多数在田园的残株、落叶、杂草或土壤中越冬、越夏或栖息。在播种和定植前，结合整地收拾病株残体，铲除田间及四周杂草，拆除病虫中间寄主。在蔬菜生长过程中及时摘除病虫为害的叶片、果实或全株拔除，带出田外深埋或烧毁。

（四）合理轮作、间作、套种

蔬菜连作是引发和加重病虫为害的一个重要原因。在生产中按不同的蔬菜种类、品种实行有计划的轮作倒茬、间作套种，既可改变土壤的理化性质，提高肥力，又可减少病源虫源积累，减轻为害。如与葱、蒜茬轮作，能够减轻果菜类蔬菜的真菌、细菌和线虫病害；水旱轮作可明显减轻番茄溃疡病、青枯病、瓜类枯萎病和各种线虫病等病害。

（五）深耕晒垡

深耕可将土表的蔬菜病残体、落叶埋至土壤深层腐烂，并将地下的害虫、病原菌翻到地表，受到天敌啄食或严寒冻死，从而降低病虫基数。而且使土壤疏松，有利于蔬菜根系发育，提高植株抗逆性。

（六）合理布局和调整播种期

合理布局就是合理安排种植茬口。一定的病原物有一定的寄主范围，如果茬口安排不当，就会使同一种病虫害发生较重；合理选择适宜的播种期，可以避开某些病虫害的发生、传播和为害盛期，从而减轻病虫为害。

（七）科学施肥

合理施肥能改善植物的营养条件，提高植物的抗病虫能力。应以有机肥为主，适施化肥，增施磷钾肥及各种微肥。施足底肥，勤施追肥，结合喷施叶面肥，杜绝使用未腐熟的肥料。氮肥过多会加重病虫的发生，如茄果类蔬菜绵疫病、烟青虫等为害加重。施用未腐熟有机肥，可招致蛴螬、种蝇等地下害虫为害加重，并引发根、茎基部病害发生。

（八）嫁接防病

嫁接技术的广泛应用有效地减轻了许多蔬菜病虫害的为害。瓜类、茄果类蔬菜嫁接可有效防治瓜类枯萎病、茄子黄萎病、番茄青枯病等多种病害。

三、物理防治

物理防治病虫草害，主要包括利用高温杀死种子和土壤中的病原菌和虫卵，利用光、色诱杀害虫或驱避害虫，覆盖畦面防杂草等。应用物理方法防治蔬菜病虫害，可有效降低病虫草害发生率，减少农药使用量，提高蔬菜品质。

（一）高温杀虫灭菌

1. 温汤浸种

用55℃左右的温水浸泡蔬菜种子10～15分钟或对一些种皮较厚的大粒种如豆类，在沸水中烫数秒钟捞起晒干贮藏不会生虫。在70℃的恒温状态下干热处理茄果类、瓜类种子，可使病毒钝化。

2. 高温闷棚

在黄瓜霜霉病发生初期，可利用高温闷棚的方法杀死病原菌，同时还可杀死一部分白粉虱。也可在夏季用高温闷棚，即将大棚土壤深翻，关闭大棚或在露地用薄膜覆盖畦面，可使棚、膜内温度达70℃以上，从而自然杀灭病虫。

3. 烧烤或用冰雪覆盖土壤

农村传统的用枝叶、杂草烧烤土壤，冬季利用冰雪覆盖土壤，也可以杀灭土中的病虫。

（二）诱杀害虫

诱杀害虫是根据害虫的趋旋光性、趋化性等习性，把害虫诱集杀死的一种方法。这种方法简单易行、投资少、效果好，是发展无公害蔬菜的主要技术措施之一。主要诱杀方法如下。

1. 频振式杀虫灯

该技术利用害虫对光源、波长、颜色、气味的趋性，选用了对害虫有极强的诱杀作用的光源和波长，引诱害虫扑灯，并通过电网杀死害虫，能有效地防治害虫为害，控制化学农药的使用，减少环境污染。由于该灯对天敌杀害力小，在实际应用中保护了大量天敌，维护了生态平衡。利用频振式杀虫灯，诱杀虫量大、杀谱广，能诱杀鳞翅目、鞘翅目、双翅目、同翅目4个目11个科的200多种害虫。

2. 糖醋毒液诱蛾

用糖3份、醋4份、酒1份和水2份，配成糖醋液，并在糖醋液内按5%的比例加入90%晶体敌百虫，然后把盛有毒液的钵放在菜地里高1米的土堆上，每亩放糖醋液钵3只，白天盖好，晚上打开，诱杀斜纹夜蛾、甘蓝夜蛾、银纹夜蛾、小地老虎等害虫成虫。

3. 杨柳树枝诱蛾

将长约60厘米的半枯萎的杨树枝、柳树枝、榆树枝按每10支捆成一束，基部一端绑一根小木棍，每亩插5～10把枝条，并蘸95%的晶体敌百虫300倍液，可诱杀烟青虫、棉铃虫、黏虫、斜纹夜蛾、银纹夜蛾等害虫成虫。

4. 毒饵诱杀地老虎

在幼虫发生期间，采集新鲜嫩草，把90%晶体敌百虫50克溶解在11升温水中，然后均匀喷洒到嫩草上，于傍晚放置在被害株旁或洒于作物行间，进行毒饵诱杀。

5. 黄板诱蚜

在30厘米×30厘米的纸板上正反两面刷上黄漆，干后在板上刷一层10号机油（可利用厂家制作的专用黄板），每亩菜地的行间竖立放置10～15块板，黄板要高于植株30厘米，可诱杀蚜虫、温室白粉虱和美洲斑潜蝇等害虫，防止其迁飞扩散危害。

（三）阻隔害虫

害虫发生较重的大棚的通风口覆盖防虫网，可以阻隔害虫，防止害虫迁飞。一般使用24～30目的防虫网就可防止如小菜蛾、菜青虫、斜纹夜蛾、甜菜蛾以及蚜虫、潜叶蝇等害虫的侵入。

（四）驱避害虫

利用蚜虫对银灰色的负趋向性，将银灰色薄膜覆盖于地面，方法同覆盖地膜，可收到较好的避蚜效果。

（五）人工捕杀

害虫对于金龟子、棉铃虫、蛴螬等虫体较大的害虫，发生初期，可及时人工捕捉。有些产卵集中成块或刚孵化取食时，应及时摘除虫叶销毁，在成虫迁飞高峰可用网带捕捉、集中销毁。

（六）覆盖除草

利用黑色、绿色地膜或树叶、稻草、木屑、泥炭、纸屑等覆盖栽培畦面或作业道的地面，都有防除杂草、间接消灭害虫的作用。

四、生物防治

生物防治是指利用有益微生物及其产品来进行防治病虫害的方法。以菌治虫、以虫治虫、以抗生素防治病虫害或以各种生物制剂防治病虫害，可直接取代部分化学农药。由于生物防治经济安全，对蔬菜及环境无污染且不伤害天敌，害虫不易产生抗药性，近年来得到了大面积推广应用。

（一）昆虫天敌

如用赤眼蜂防治菜青虫、小菜蛾、斜纹夜蛾、菜螟、棉铃虫等鳞翅目害虫，草蛉可捕食蚜虫、粉虱、叶螨等多种鳞翅目害虫卵和初孵幼虫，丽蚜小蜂防治白粉虱；捕食性蜘蛛和螨类防治螨类；瓢虫、食蚜蝇、猎蝽等也是捕食性天敌。

（二）微生物防治

苏云金杆菌（BT）、白僵菌、绿僵菌可防治小菜蛾、菜青虫；昆虫病毒如甜菜蛾核型多角体病毒可防治甜菜夜蛾，棉铃虫核型多角体病毒可防治棉铃虫和烟青虫，小菜蛾和菜青虫颗粒病毒可分别防治小菜蛾和菜青虫，阿维菌素类抗生素、微孢子虫等原生动物也可杀虫。

（三）生物药剂

农用抗生素如农抗 120 和多抗霉素可防治猝倒病、霜霉病、白粉病、枯萎病、黑斑病和疫病；井岗霉素防治立枯病、白绢病、纹枯病等；新植霉素、农用链霉素防治软腐病和细菌斑点病等多种细菌性病害；庆丰霉素、Bo-10（武夷菌素）新植霉素等农用抗菌素防治多种病害；黄瓜花叶病毒卫生疫苗 S32 和烟草花叶病毒疫苗 N14 防治病毒病；植物源农药如印楝素、黎芦碱醇溶液可减轻小菜蛾、甜菜夜蛾、烟粉虱等的为害；用 10% 阳霉素乳油防治螨类、美洲斑潜叶蝇，小菜蛾、菜青虫等；苦参碱、苦楝、烟碱、菜喜等对多种害虫有一定的防治作用；米螨、卡死克、抑太保等昆虫激素防治蔬菜害虫效果也较好。

五、化学防治

化学防治就是使用化学药剂来防治病虫害。化学防治是防治蔬菜病虫害的有效手段，见效快、防效高、使用方便，尤其对控制暴发性病虫害及繁殖速度快的害虫有明显效果。关键在于要科学合理地用药，既要防治病虫害，又要减少污染，把蔬菜中的农药残留量控制在允许的范围内。

（一）正确选用药剂

根据病虫害种类、农药性质，采用不同的杀菌剂和杀虫剂来防治，做到对症下药。所有使用的农药都必须经过农业部农药检定所登记，不要使用未取得登记和没有生产许可证的农药，特别是无厂名、无药名、无说明的伪劣农药。

（二）禁止使用高毒、高残留农药

在常见农药中，剧毒农药如铁灭克、甲拌磷、对硫磷、硫特普；高毒农药如杀线威、保棉丰、治螟磷、内吸磷、苯硫磷、久效磷、地虫硫磷、克百威（呋喃丹）、甲基对硫磷、三硫磷、毒虫威、乙拌磷、甲胺磷、磷胺、灭多威、甲基威环磷、杀朴磷、水胺硫磷、甲基环硫磷、甲基异柳磷、灭害威、硫丹、氧化乐果等禁止在蔬菜上使用。有些农药如 DDT、六六六、林丹、毒杀芬、氯丹、七氯、硫丹（赛丹、硕丹、韩丹）、三氯杀螨醇等，虽然急性毒性不高，但由于性质稳定，喷洒后在作物上或土壤中长期残留，不易分解，是环境污染的重要原因之一，也禁止在蔬菜上使用。此外，杀虫脒在 20 世纪 80 年代初已发现有致癌作用，不得在蔬菜上使用。

（三）选用无毒、无残留或低毒、低残留的农药

①选择生物农药或生化制剂农药。

如 BT、8010、白僵菌、菜丰灵、昆虫病毒、天霸、天力二号等。

②选择特异昆虫生长调节剂农药。如：抑太保、卡死克、除虫脲、灭幼脲、农梦特等。

③选择高效低毒低残留农药。如：敌百虫、辛硫磷、克螨特、甲基托布津、甲霜灵等。

④在灾害性病虫害造成毁灭性损失时，才选择中等毒性和低残留的农药，如敌敌畏、乐果、速灭杀丁、天王星、敌克松等。

（四）掌握施药时机

根据病虫害的发病规律，做好提前预防。要找出薄弱环节，及时施药，能够收到事半功倍的效果。

（五）看天气施药

一般应在无风的晴天进行，气温对药效也有一定的影响。所以要根据天气情况，灵活施用农药。

（六）严格遵守农药安全使用准则

①严格掌握安全间隔期。各种农药的安全间隔期不同，一般是夏季为 7 天、冬季 10 天左右。

②严格按规定施药。遵守农药使用的范围、防治对象、用药量、用药限次等事项，不得盲目更改。

③遵守农药安全操作规程。农药应存放在安全的地方，配药

人员要戴胶皮手套，拌过药的种子应尽量用机具播种，施药人员必须全身防护，操作时禁止吸烟、喝水、吃东西；不能擦嘴、擦脸、擦眼睛；每天施药时间一般不得超过6小时，如出现不良反应，应立即脱去污染的衣服鞋帽手套，漱口，擦洗手、脸和皮肤等暴露部位，并及时到医院治疗。

（七）交替轮换用药

一种药剂使用2~3次后，如果效果不是很明显，为防病虫产生抗药性，就要交替使用另一种药剂。喷药时，可以把两种或两种以上的农药混合使用，正确复配，治病兼治虫，省时省工。但混合使用时，要了解各种农药的性能，要注意同类性质的农药相混配，中性与酸性的也能混合，但是凡是在碱性条件下易分解的有机磷杀虫剂以及西维因、代森铵等都不能和石硫合剂、波尔多液混用。农药混用还注意混用后对作物是否产生药害。一般无机农药如石硫合剂、波尔多液等混用后可增强农药的水溶性或产生水溶性金属化合物，这种情况下植株易受药害。农药并不能随意配合，有些农药混合没有丝毫价值，有的农药在出厂时就已经是复配剂，如58%瑞毒锰锌是由48%的代森锰锌和10%的瑞毒霉（甲霜灵）混合而成；如果有同样的防治作用，同样防治对象的药剂加在一起也没有必要；有的农药混合在一起可以增加毒性。因此农药混用必须慎重。

第四节　农作物病虫害防治中存在的问题及对策

当前，农业生产已逐步步入现代农业时期，农作物生产由单纯追求产量、效益型逐步转向“高产、优质、高效、生态、安全”并重发展的新阶段。农作物病虫害防治作为一项重要的保产措施，其内容、任务也发生了新变化。因此，要树立“公共植保，绿色植保”的理念，既要有效地控制病虫害的发生为害，保证农产品的产量安全，又要有效控制化学农药对生态环境及农产品污染，保证农产品的质量和环境安全。病虫害的发生往往不是单一的，常常是多种病虫害同时发生，在一定时间地点内，有时次要病虫害会成为主要为害因素，而主要病虫害则成为次要为害因素，目前在农作物病虫草害防治工作中还存在一些问题，需要坚持一些原则和采取一些措施。

一、农作物病虫害防治工作中存在的主要问题

（一）病虫害发生为害不断加重

农作物病虫害因生产水平的提高、作物种植结构调整、耕作制度的变化、品种抗性的差异、气候条件异常等综合因素影响，病虫草害发生为害越来越重，病虫草害发生总体趋势表现为发生种类增多、频率加快、区域扩大、时间延长、程度趋重；同时新的病虫草害不断侵入和一些次要病虫草害逐渐演变为主要病虫草害，增加了防治难度和防治成本。例如，随着日光温室蔬菜面积的不断扩大，连年重茬种植，辣椒根腐病、蔬菜根结线虫病、斑潜蝇、白粉虱等次要病虫害上升为主要病虫害，而且周年发生，给防治带来了困难。

（二）病虫草综防意识不强

目前，大部分地区小户经营，生产规模较小，在农作物病虫草害防治上存在“应急防治为重、化学防治为主”的问题，不能充分从整个生态系统去考虑，而是单一进行某虫、某病的防治，不能统筹考虑各种病虫草害防治及栽培管理的作用，主要依赖化学防治，农业、物理、生物、生态等综合防治措施还没有被农民完全采纳，甚至有的农民对先进的防治技术更是一无所知。即使在化学防治过程中，也存在着药剂选择不当、用药剂量不准、用药不及时、用药方法不正确，见病、见虫就用药等问题。造成了费工、费药、污染重、有害生物抗药性强、对作物为害严重的后果。

（三）忽视病虫害的预防工作，重治轻防

生产中常常忽略栽培措施及经常性管理中的防治措施，如合理密植、配方施肥、合理灌溉、清洁田园等常规性防治措施，而是在病虫大发生时才去进行防治，往往造成事倍功半的效果，且大量的用药会使病虫产生抗药性。

（四）重视化学防治，忽视其他防治措施

当前的病虫害防治，以化学农药控制病虫及挽回经济损失能力最大而广受群众称赞，但长期依靠某一有效农药防治某些病虫或草，只简单地重复用药，会使病虫产生抗性，防治效果也就降低。这样，一个优秀的杀虫剂或杀菌剂或除草剂，投入到生产中去不到几年效果就锐减。故此，化学防治必须结合其他防治进行，化学防治应在其他防治措施的基础上，作为第二位的防治措施。

（五）乱用农药和施用剧毒农药

一方面，在病虫防治上盲目加大用药量，一些农户为快速控制病虫发生，将用药量扩大1～2倍，这样造成了农药在产品上的大量积累，也促进了病虫抗性的产生。另一方面，当病虫害发生时，乱用乱配农药，有时错过了病虫防治适期，造成了不应有的损失，更有违反农药安全施用规定，大剂量将一些剧毒农药在大葱等蔬菜上施用，既污染蔬菜和环境，又极易造成人畜中毒，更不符合无公害蔬菜生产要求。

（六）忽视了次要病虫害的防治

长期单一用药，虽控制了某一病虫草害的发生，同时使一些次要病虫草害上升为主要病虫草害，如目前一些地方在大葱上发生的灯蛾类幼虫、甜菜夜蛾、甘蓝夜蛾、棉铃虫等虫害及大葱疫病、灰霉病黑斑病等病害均使部分地块造成巨大损失。

（七）农药市场不规范

农药是控制农作物重大病虫草为害，保障农业丰收的重要生产资料，农药又是一种有毒物质，如果管理不严、使用不当，就可能对农作物产生药害，甚至污染环境，为害人畜健康和生命安全。目前农药经营市场主要存在以下问题：一是无证经营农药。个别农药经营户法制意识淡薄，对农药执法认识不足，办证意识不强，经营规模较小，采取无证“游击”经营。尤其近几年不少外地经营者打着“中国农业科学院、中国农业大学、高科技、农药经营厂家”的幌子直接向农药经营门市推销农药或把农药送到田间地头。二是农药产品质量不容乐观。农药产品普遍存在着“一药多名、老药新名”及假、冒、伪、劣、过期农药、标签不规范农药的问题，甚至有些农药经营户乱混乱配、误导用药，导致防治效果不佳，直接损害农民的经济利益。三是销售和使用国家禁用和限用农药品种的现象还时有发生。

（八）施药技术落后

一是农药经营人员素质偏低，虽对农药使用、病虫害发生清楚，但不能从病虫害发生的每一关键环节入手解决防治问题，习惯于头痛治头，脚痛医脚的简单方法防治，致使防治质量不高，防治效果不理想。二是农民的施药器械落后。农民为了省钱，在生产中大多使用落后的施药器械，其结构型号、技术性能、制造工艺都很落后，“跑、冒、滴、漏”严重，导致雾滴大，雾化质量差，很难达到理想的防治效果。

二、病虫害综合防治的基本原则

病虫害防治的出路在于综合防治，防治的指导思想核心应是压缩病虫草害所造成的经济损失，并不是完全消灭病虫草害原，所以，采取的措施应对生产、社会和环境乃至整个生态系统都是有益的。

（一）坚持病虫害防治与栽培管理有机结合的原则

作物的种植是为了追求高产、优质、低成本，从而达到高效益。首先应考虑选用高产优质品种和优良的耕作制度栽培管理措施来实现；再结合具体实际的病虫害综合防治措施，摆正高产优质、低成本与病虫害防治的关系。若病虫害严重影响作物优质高产，则栽培措施要服从病虫害防治措施。同样，病虫害防治的目的也是优质高产，只有两者有机结合，即把病虫害防治措施寓于优质高产栽培措施之中，病虫害防治照顾优质高产，才能使优质高产下的栽培措施得到积极的执行。

（二）坚持各种措施协调进行和综合应用的原则

利用生产中各项高产栽培管理措施来控制病虫草害的发生，是最基本的防治措施，也是最经济最有效的防治措施，如轮作、配方施肥、肥水管理、田间清洁等。合理选用抗病品种是病虫害防治的关键，在优质高产的基础上，选用如优良品种，并配以合理的栽培措施，就能控制或减轻某种病虫害的为害。生物防治即直接或间接地利用自然控制因素，是病虫草害防治的中心。在具体实践中，要协调好化学用药与有益生物间的矛盾，保护有效生物在生态系统中的平衡作用，以便在尽量少地杀伤有益生物的情况下去控制病虫草害，并提供良好的有益生物环境，以控制害虫和保护侵染点，抑制病菌侵入。在病虫草害防治中，化学防治只是一种补救措施，也就是运用了其他防治方法之后，病虫草害的为害程度仍在防治水平标准以上，利用其他措施也功效甚微时，就应及时采用化学药剂控制病虫草害的流行，以发挥化学药剂的高效、快速、简便又可大面积使用的特点，特别是在病虫草害即将要大流行时，也只有化学药剂才能担当起控制病虫害的重任。

（三）坚持预防为主，综合防治的原则

要把预防病虫害的发生措施放在综合防治的首位，控制病虫害在发生之前或发生初期，而不是待病虫害发生之后才去防治。必须把预防工作放在首位，否则，病虫害防治就处于被动地位。

（四）坚持综合效益第一的原则

病虫害的防治目的是保质、保产，而不是灭绝病虫生物，实际上也无法灭绝。故此，需化学防治的一定要进行防治，一定要从经济效益即防治后能否提高产量增加收入，是否危及生态环境、人畜安全等综合效益出发，去进行综合防治。

（五）坚持病虫害系统防治原则

病虫害存在于田间生态系统内，有一定的组成条件和因素。在防治上就应通过某一种病虫或某几种病虫的发生发展进行系统性的防治，而不是孤立地考虑某一阶段或某一两种病虫去进行防治。其防治措施也要贯穿到整个田间生产管理的全过程，决不能在病虫害发生后才考虑进行病虫草害的防治。

三、病虫草害防治工作中需要采取的对策

（一）抓好重大病虫草害的监测，提高预警水平

要以农业部建设有害生物预警与控制区域站项目为契机，配备先进仪器设备，提高监测水平，增强对主要病虫草害的预警能力，确保预报准确。并加强与广电、通信等部门的联系与合作，开展电视、信息网络预报工作，使病虫草害预报工作逐步可视化、网络化，提高病虫草害发生信息的传递速度和病虫草害测报的覆盖面，以增强病虫草害的有效控制能力。

（二）提高病虫草害综合防治能力

一是要增强国家公益性植保技术服务手段，以科技直通车、农技 110、12316 等技术服务热线电话、科技特派员、电视技术讲座等形式加强对农民技术指导和服务。二是建立和完善县、乡、村和各种社会力量（如龙头企业、中介组织等）参与的植保技术服务网络，扩大对农民的服务范围。三是加快病虫草害综合防治技术的推广和普及，提高农民对农作物病虫草害防治能力，确保防治效果。

（三）加强技术培训，提高农技人员和农民的科技素质

一是加强农业技术人员的培训，以提高他们的病虫草害综合防治的技术指导能力。二是加强农民的培训。以办培训班、现场

会、田间学校及“新型农民培训工程”项目的实施这个平台等多种形式广泛开展技术培训，指导农民科学防治，提高他们的病虫草害综合防治素质，并指导农民按照《农药安全使用规定》和《农药合理使用准则》等有关规定合理使用农药，从根本上改变农民传统的施药理念，全面提高农民的施药水平。

（四）加强农药市场管理，确保农民用上放心药

一是加强岗前培训，规范经营行为。为了切实规范农药经营市场，凡从事农药经营的单位必须经农药管理部门进行经营资格审查，对审查合格的要进行岗前培训，经培训合格后方能持证上岗经营农药。通过岗前培训学习农药法律、法规，普及农药、植保知识，大力推广新农药、新技术，对农作物病虫草害进行正确诊断，对症开方卖药，以科学的方法指导农民进行用药防治。二是加大农药监管力度。农药市场假冒伪劣农药、国家禁用、限用农药屡禁不止的重要原因是没有堵死“源头”，因此，加强农药市场监督管理，严把农药流通的各个关口，确保广大农民用上放心药。

（五）大力推广无公害农产品生产技术

近几年全国各地在无公害农产品的管理及技术推广上取得了显著成效。在此基础上，要进一步加大无公害农产品生产技术的推广力度，重点推广农业防治、物理防治、生物防治、生态控制等综合措施，合理使用化学农药，确保创建无公害农产品生产基地示范县成果，保证向市场提供安全放心的农产品。

（六）加大病虫害综合防治技术的引进、试验、示范力度

按照引进、试验、示范、推广的原则，加大植保新技术、新药剂的引进、试验、示范力度，及时向广大农民提供看得见、摸得着的技术成果，使病虫综合防治新技术推广成为农民的自觉行动；同时，建立各种技术综合应用的试验示范基地，使其成为各种综合技术的组装车间，农民学习新技术的田间学校，优质、高产、高效、安全、生态农业的示范园区。

第七章　温棚建造和生产中容易出现的问题与对策

近年来，随着农业种植结构的调整，温室、大棚蔬菜的种植面积也在逐年扩大，不仅丰富了城乡“菜篮子”，而且有利于农民增收。但是，由于温室和大棚蔬菜生产具有高投入、高产出、高科技含量的特点，其中的很多问题也随之而来，如棚体建设欠科学、施肥不合理、盲目大量使用高毒农药、管理粗放、连作障碍、土壤盐渍化等问题，在一定程度上限制了棚室蔬菜生产和发展，使产品的产量和品质受到较大的影响，生产潜力得不到正常发挥，经济效益低下，严重挫伤了种植者的积极性。因此，了解掌握并尽量防止，尽快解决其造成为害，使大棚蔬菜生产步入良性循环的轨道，是夺取瓜菜高产优质，实现农业可持续发展的保证。根据保护地设施农业生产的实际情况，现将温棚建造和生产中容易出现的问题与对策总结如下。

第一节　温棚建造中容易出现的问题与对策

近几年全国各地的瓜菜种植取得了很大的经济效益，但是很多农户在棚体建设上还存在很多问题，结构欠合理，技术不到位。蔬菜大棚的建造分多个环节逐步完成，而且环环相扣。假若某一建棚环节不够合理，便有可能影响其使用效果，就会导致棚体采光不均，抗风雪能力不强，使用年限短等问题。

一、墙体建造方面

问题一：墙体滚压不实、切面不平整。

墙体地基不实，下雨凹陷，表土易流失；墙体内表面凹凸不平，有裂缝。实践证明，温室墙体质量的好坏直接关系到其使用寿命的长短。况且，近几年，温室建造是向着棚更高、更宽、无立柱的方向发展，这就进一步要求温室墙体牢固性更强、稳定性更好。

对策：温室的墙底宜先用推土机压实，以防地基下沉。然后，再用挖掘机上土，并且每上 50 厘米厚的松土，就用推土机来回滚压至少 3 次。建造的后墙高度以 4.5 米为宜，最后把墙顶用推土机压实。另外注意，用挖掘机切棚墙时，要有一定的倾斜度，上窄下宽，倾斜度以 6°~10°为宜，并且墙面要平整。

问题二：后屋面夹角小、覆盖（防水保温）材料方法不对。

后屋面夹角小，太阳光会在后墙上留下阴影，影响棚内光照。后坡覆盖材料不恰当，就会影响后坡保温性，外面受雨水冲刷使用寿命就会降低。

对策：

①棚室“后屋面”与水平线的夹角可根据当地冬至日中午太阳高度角确定，一般以 35°~40°为宜。

②铺拉钢丝。因“后屋面”承载力过大，需密集铺拉钢丝，以钢丝间距 8~10 厘米为宜。

③覆盖保温、防水材料覆盖方法：第一，选一宽为 5~6 米、与棚同长的新塑料薄膜，一边先用土压盖在距离后墙边缘 20 厘米处，而后再将其覆盖在“后屋面”的钢丝棚面上。第二，把事先准备好的草苫或毛毡等保温材料依次加盖其上。为提高保温效果，加盖的保温材料以 1 层草苫 +1 层毛毡为宜，寿命长且经济实惠。第三，为防雨雪浸湿保温材料，需再把塑料薄膜剩余部分“回折”到草苫和毛毡之上。

④从棚一头开始，使用挖掘机从棚后取土，然后将土一点点地堆砌在“后屋面”上，每加盖 30 厘米厚的土层，可用铁锨等

工具拍实，且要保持南高北低。“后屋面”上土不要过多，否则会增加后坡面的承载力，降低安全系数。

⑤在平整好“后屋面”土层后，最好使用一整幅新塑料薄膜覆盖后墙。在之上加盖一层无纺布等防晒材料，既可延长后墙使用年限，又能起到防除杂草的作用，避免通过放风口传播虫害及病害。最后，棚顶和后墙根两处各东西向拉根钢丝将其固定，或用编织袋装满土每隔 1 米压盖 1 次。

问题三：立柱埋设不当，抗压性能降低。

立柱埋设不直、不稳，牢固性差，致使棚体抗压性能降低。

对策：在大棚建造方面，还有一个非常重要的环节，那就是埋设立柱。立柱点的选择要把握横成一线、竖成一线的原则。在具体操作上，多采取“拉线”法进行。立柱埋设时，其底部土壤中的固定非常重要。立柱的固定性决定了棚体的牢固性，如果立柱固定不好，轻则造成棚体凹陷，重则造成棚体整体塌陷。首先，立柱埋设前需要踏实土壤。在立柱埋设的附近用水灌一下，水灌上后土壤会有一定程度的下陷，然后将土壤踩实之后再打眼取洞。其次，埋设的深度掌握在 50 厘米左右，洞眼的底部要垫上一块砖头，以免立柱塌陷。

二、各项参数比例方面

问题一：高跨比偏小，温室前屋面仰角偏小。

温室和大棚的高跨比是指棚体的脊高与跨度的比值。在实际生产中，温棚的高跨比一般比较偏少，即高度不高，跨度过大。这样形成的棚面弧度较大，表面偏平，抗雪能力较差；高跨比偏小，前屋面仰角就会越小。

对策：温室和大棚的高跨比直接影响棚面弧度，影响前屋面仰角的大小。弧度小时，高跨比大，这样抗雪能力好，抗风的能力较差；弧度大时，高跨比小，抗风能力较好，抗雪能力较差。所以在建设温棚时要参照温棚建造的合理参数进行。温室的高跨比一般为1：2.2为宜，前屋面仰角在25°以上；大棚的高跨比一般为1：（4~5）为宜。

问题二：棚体过长，内部净面积增大。

有的农户为了扩大温棚面积，建造的温室或大棚长度超过了120米，甚至达到了150米，内部净面积达到了3亩左右。站在棚内的一端，一眼望不到那边。棚体过长，棚内操作会有不便，尤其是采果运输更是不便。

对策：建设温室或大棚不要过长，一般长度100米左右，棚内面积1.5~2亩即可。另外，建造时也要结合地块形状，长短和宽窄要因地制宜，但各项指标要在温室或大棚的合理结构参数的范围之内。

问题三：棚与棚之间的间距偏小。

温室一般坐北朝南，农户为了充分种用土地，南北方向建设前后排温室间距偏小，有的仅有3米左右。这样在冬季的时候，前排温室就会遮阴于后排温室，影响后排温室光照，尽而影响棚内温度的提升；大棚一般东西并排、南北延长，农户为了不浪费土地，建设时东西排大棚间距仅留1米，这样为以后的排水、行走操作造成不便。

对策：温室前后排的间距应由三个因素，即温室高度、太阳高度角和太阳方位角来决定。为了避免前排温室对后排温室遮阴，两者之间需要有个合适的距离，通常是以冬至日不对后排温室形成遮阴为度。根据当地冬至正午的太阳高度角和三角形函数的相关公计算，前排温室的高度（最高点垂直于水平地面的距离）与阴影长度的比例应在1：2以上，也就是说前排温室高度为3米时，后排温室距前排温室的距离要达到6米以上。

三、用材方面

问题一：使用劣质立柱。

建棚时，“偷梁换柱”使用劣质立柱的情况主要有以下几个方面。

①换用细钢筋。水泥立柱的抗压程度主要取决于使用钢筋的质量，使用的钢筋越粗，其抗压程度越强。而现在生产大棚立柱的制造商为降低成本，将制造水泥立柱的钢筋由原来直径4毫米换成3～3.5毫米，这就大大降低了水泥立柱的抗压程度，一旦棚面的负重过大，就容易折断立柱。

②使用钢筋头。有些立柱两头外露钢筋虽然看上去粗细符合要求，但是立柱内的钢筋全部是断裂的钢筋头，这样的立柱抗压程度也会大大降低，很多容易在重压之下断裂，并且大大降低使用年限。

③立柱中间无钢筋。

④使用芦苇代替钢筋。

⑤使用未达到养护期的水泥柱。

很多建造队为加快建棚进度而使用制成仅仅3天左右的水泥柱，但是这些水泥柱的凝固强度还达不到60%，与国家规定的“水泥柱制成后，晾放时间必须达到26天，凝固强度达到90%以上”的要求相差很远，从而大大降低水泥柱的抗压能力，缩短使用年限。

对策：使用直径4毫米钢筋并达到养护期的水泥柱。

问题二：用普通钢丝代替热镀锌钢丝。

热镀锌的钢丝，抗腐蚀、抗锈能力强、镀锌层牢固，韧性强，这样在使用铁丝将竹竿固定在钢丝上时，即使固定强度较大也不会将锌层弄坏，从而延长使用年限。棚面上的钢丝使用量越多，大棚的抗压能力越强，承重越大。因此，正规建造的大棚棚面上的钢丝最顶部每隔15～20厘米设置一根钢丝，越向下钢丝间距越大，靠近大棚前脸的钢丝间距能够达到35厘米左右。

对策：必须使用热镀锌钢丝。

问题三：用普通钢管代替镀锌钢管。

对于第一年建棚的菜农来说，他们对这些不了解，看到钢管代替普通的竹竿就认为不错了，但镀锌钢管有镀锌层，能起到很好的防锈作用，同时这种钢管的强度大，抗压能力强，而普通的建筑用钢管，在刚开始时表面也很光亮，不容易与镀锌钢管区分，但它的抗压能力小，并且因为棚内湿度大，普通钢管在大棚内使用后容易被水侵蚀生锈，使用时必须进行刷漆防锈，使用2~3年油漆会出现脱落，必须重新进行刷漆，以延长使用年限。

对策：必须使用热镀锌钢管。

问题四：使用劣质棚膜。

劣质棚膜延展性能较差，保温性能也差，易被大风撕破，实践证明多数倒塌的大棚，其棚膜质量都较差。大棚使用优质棚膜非常重要，其原因：一是优质棚膜可增加透光率，提高棚温，利用蔬菜生长。二是闭棚后，能消雾、流滴，降低棚内湿度，减轻蔬菜病害发生，如黄瓜霜霉病等。三是优质棚膜抗老化，高温、低温对其影响甚微。

对策：使用优质棚膜。

在每年的“休棚期”，一定要加强棚体养护。老棚要及早更换新棚膜；新棚宜采用抗拉伸、耐老化的优质棚膜，万不可“图便宜，误大事”。另外，棚膜覆盖后，一定要固定好压膜绳，同时注意大拱棚南北两侧面的压膜绳宜用布条包裹，以免勒破棚膜。

四、配套措施方面

问题一：冬季对防风、防寒、防雨雪措施重视不够。

冬季为抵御寒流，保持棚温，大棚除了覆盖草苫外，还可增设“防寒膜”，即在草苫覆盖后，再在其上覆盖一层旧薄膜。方法是从棚南端将薄膜拉上棚面，并在大棚后墙和东西墙上用物体（肥料小袋装上沙土即可）压住。此“防寒膜”不仅可以防止棚内热量向外散失，而且可防雨雪浸湿草苫。另外，冬季大风对大棚的危害也不可忽视。根据一些菜农的经验，冬季防风不妨在冬暖式大棚后墙上增设“防风后盖”。所谓“防风后盖”就是在冬暖式大棚后坡处再设一块长与“防寒膜”同长、宽约1.5米的薄膜，以东西向设置在大棚顶部，然后把这块薄膜的一边（宽约20厘米）用土盖严、压实。在放下草苫或保温被、覆盖上“防寒膜”后，再用这块薄膜把“防寒膜”盖上，就能防止北风吹入“防寒膜”内，避免将其撕破。实践证明，大棚上设置“防风后盖”成本不高，防风效果却很好。

对策：增设“防寒膜”和“防风后盖”。

问题二：夏秋季对防雨、防涝措施重视不够。

在夏秋季节，正值大棚越夏蔬菜盛果期或早秋茬蔬菜幼苗期。可是，该期雨水偏多，一些建造不合理的大棚易发生“雨水灌棚”，导致瓜菜受涝灾。比如大拱棚，假若不及时关闭通风口，雨水易从此处流入棚内；而对于冬暖式大棚而言，雨水主要是从其前帘处灌入棚内。这就要求大拱棚要在雨前关闭通风口，而冬暖式大棚除了避免下挖过深（以50~80厘米为宜）外，宜在棚前挖设排水沟，沟宽30厘米、深40厘米。

对策：合理挖设“排水沟”。

第二节　温棚生产中容易出现的问题与对策

一、共性问题

（一）施肥方面

问题一：有机肥的施用量偏小，重无机肥轻有机肥。

温棚蔬菜生产是在一个特定的狭小空间进行的，菜农习惯长期种植单一的蔬菜品种，加上某种蔬菜对养分吸收的特定性，往往造成土壤微生物相对变化，使土壤养分单一化。无机肥的成分虽比较单一，但肥效快，使用方便，菜农喜欢用它进行追肥。过多施用无机肥常使土壤板结、黏重、透气性差，土壤溶液盐类浓度提高，使蔬菜正常的生理功能发生障碍，造成生理性病害的发生。

对策：温棚蔬菜施肥要注重有机肥的使用。有机肥含有多种有效成分和微量元素。施入后，一方面可以增加土壤养分，使土地肥沃，满足蔬菜对不同养分的需要；另一方面又可以改善土壤的理化性质，增强其保水保肥的能力。此外，多施有机肥，使土壤温湿度、通透性等条件更适合腐生微生物活动，促使土壤有机质发酵，分解产生二氧化碳，起到补充二氧化碳的作用。土壤中腐生微生物的生长，还可抑制寄生物的活动，防止病虫害的发生，起到生物防治的作用。

一是有机肥与无机肥相结合。根据不同蔬菜品种生长所需养分，施用蔬菜专用肥：在蔬菜播种前，一次施足经过腐熟的优质有机肥，基本满足蔬菜一生中所需的养分；在蔬菜生长季节，视需肥情况合理追施多元素复合肥或无机肥。二是推广“四位一体”模式。在蔬菜大棚地下建 8 ~ 10 立方米的沼气池，地上种菜、养鸡、养猪，实行种养结合。这样便形成以沼气为纽带的良性生态循环，既提供了大棚内优质有机肥，又可在棚内通过燃烧沼气为蔬菜生产提供所需的二氧化碳气肥。

问题二：化肥使用量过大。

温棚蔬菜在栽培过程中，农民化肥投入过大，造成连续种植多年的老棚土壤氮、磷、钾有一定的积累，氮、磷、钾施用比例不协调。长期施用化肥就会造成土壤中重金属元素的累积，降低微生物的数量和活性，导致土壤板结、盐渍化、营养失调。

对策：一是增加有机肥在配方施肥中的比重。有机肥具有养分全、肥效长、无污染的特点，高效有机肥可增加土壤有机质含量，提高土壤蓄水、保肥能力，改善土壤的理化性状和团粒结构，提高农产品品质。二是加大对微肥及生物肥的利用。微肥能平衡作物所需的养分，而生物肥料又能通过自身所含有的微生物分泌生理活性物质，起到固氮、解磷、解钾、分解土壤中的其他微量养分，提高化肥和有机肥的利用率，改善土壤的理化性状，使土壤能供给作物各种养分，促进作物生长，提高作物产量和产品品质，同时还能分解土壤中的有害化学物质和杀死有害菌群，减少化肥、农药的残留量及有害病菌。三是协调大量元素与微量元素之间的关系。人们在配方施肥中，往往重视氮、磷、钾等大量元素的使用，而忽视了微量元素肥料的施用。增施微量元素或喷施微量元素生长剂及复合生物生长剂，都能使养分平衡供应，促进作物体内营养快速转化，减少有害物质的积累，是促使作物抗病、防病并增加产量、提高品质的好方法。四是在施肥上要一改过去传统方式，变盲目施肥为优化配方施肥。

问题三：养分比例不平衡。

养分比例不平衡是所施肥料中氮磷钾养分比例不符合作物要求，没有达到调节土壤养分状况的作用造成的。施肥过程中普遍存在着“三重三轻”现象，即重化肥、轻有机肥；重氮磷肥、轻钾肥；重大量元素、轻中微量元素。由于养分投入极不平衡，使肥料利用率降低，土壤还会出现不同程度的盐害，严重影响蔬菜的正常生长，农民收入减少，同时也会造成环境污染。

对策：施肥应调整氮、磷、钾和中微量元素的比例，推广使用蔬菜专用型复合肥料，实现平衡施肥，使作物得到全面合理的养分供应，最大限度地发挥作物的增产潜力，从而达到节约肥料成本，保证蔬菜实现高产、优质、高效的目标。

问题四：过分夸大叶面肥和生长调节剂的作用。

保护地蔬菜栽培中，适当地使用叶面肥或植物激素对于其生长发育有一定的作用，而过多施用激素或叶面肥会对植物产生不利影响。使用浓度不当或方法不正确也会引起一些中毒症状，造成生理性病害的发生。

对策：植物生长所需的养分主要是其根部从土壤中吸收来的，如果土壤中某种元素不能满足植物生长的需要，植株就表现出相应的缺素症状，施用叶面肥后可以暂时缓解这种症状，但不能夸大其作用。一般在蔬菜需肥的高峰期及蔬菜生长后期，可以结合喷药防治病虫害，多次进行根外追肥，以补充作物的养分，它只起辅助性作用。关键是要根据蔬菜的需肥特点，做到有计划施肥、配方施肥或测土施肥，来满足其正常生长所需养分。生长调节剂在应用上都有一定的条件和范围，尤其要掌握好使用的时间和浓度，不能马虎大意，否则就不能达到蔬菜增产的效果。

问题五：施肥方法欠科学。

施肥不根据蔬菜生长特点和需肥规律进行，而是盲目性、随意性很大，有时冲施，有时撒施，有时埋施，虽然施肥方法多样化，但在施肥过程中有些地方欠科学，不太合理。

对策：大力推广测土配方施肥技术，根据蔬菜的需肥规律和各个生长阶段，合理地分期施肥，以满足作物整个生育期的养分供应，达到经济施肥的目的；底肥最好在蔬菜定植一周前施用，并且要与土壤混合均匀；追肥可以在距离植株 7～10 厘米的地方沟施或者穴追，追肥后要及时盖土、浇水，千万不要将肥料直接撒在地面或植株上，以免肥料挥发或烧伤蔬菜秧苗；控制氮肥，增施磷钾肥。尿素施用后不宜立即浇水，也不易在大雨前施用，否则，尿素很容易随水流失。还要限量施用碳铵，因氨气挥发，容易引起氨害；提倡秸秆还田、施用精制有机肥，培肥地力，有利于提高化肥利用率。选用含腐殖酸的复合肥料也可起到同等效果。另外，利用滴灌设施进行追肥的方法很值得推广（肥水一体化）。即通过滴灌管道肥料即可随水自动进入蔬菜的根系周围的土壤中。由于地膜覆盖，肥料几乎不挥发、无损失，因而既安全，又省工省力，效果很好。

（二）病虫害防治方面

问题一：病害的防治上重治轻防。

在大棚蔬菜的生产过程中，往往不注意环境条件的控制及根据病害的发生规律来进行预防，而是等到发病以后再施用化学农药，并加大用量，以致防治效果降低。

对策：大棚蔬菜病害的防治应贯彻“预防为主，综合防治”的方针，从蔬菜生产全局和菜田生态系统的整体出发，综合考虑棚内蔬菜生产多方面的有利和不利因素，抓住防病关键时期，及早预防。协调运用农业、生物、物理、化学等防治措施，综合防治蔬菜病害。一是选择抗病品种。播前进行种子处理，消灭病原菌，培育无病壮苗。二是嫁接栽培。如利用黑籽南瓜作砧木，选用亲和力较好的黄瓜作接穗，增强抗病能力。三是高温闷棚。选择晴天中午封闭大棚 2 小时，使棚内温度很快升至 47℃，可消灭植株上和土壤表面的病原物。四是对症防治。根据各种病害的发生规律，找出薄弱环节，做到对症下药、科学用药，适期防治。

问题二：重化学防治，轻农业、物理、生物防治。

大多数菜农在病虫害的防治上单纯依靠化学防治，只注意喷洒农药治病、灭虫，不注意运用农业、生态、物理等综防措施，不注意提高作物自身的抗逆性、适应性，使作物自身对病虫为害产生较强的免疫力。

对策：病虫害的预防要从蔬菜播种前就要开始做好准备，从棚室的消毒、土壤的处理、种子的浸种、催芽、育苗等各方面充分做好防护，很大程度上就可以提高苗子的抗病、抗逆、适应能力；栽培生产过程中，采用地膜覆盖、高垄栽培、膜下暗灌、放置粘虫板和防虫灯、使用防虫网、及时开合放风口等措施，能显著提高蔬菜自身对病虫为害及各种恶劣的环境条件的适应性和抗逆性，对病害产生较强的免疫力，不得病、少得病。既减少了用药，降低了成本，又提高了产量、品质，增加了经济效益。

问题三：药剂使用不科学。

部分菜农为了追逐更高的经济利益，不顾法律法规非法使用一些蔬菜上明确规定禁止使用的高毒高残留农药和一些无公害蔬菜禁止使用的农药，造成大量的有毒蔬菜注入市场，对蔬菜生产和市场供应造成很大的不良影响；此外，农药使用不科学还表现在使用时间、剂量和安全间隔期上。如果盲目增加农药用量或增加使用次数，会对蔬菜的食品安全造成较大的影响。没有掌握好农药安全间隔期是当前农药对蔬菜食用安全性主要威胁。

对策：一是加强法律法规的宣传。加强宣传，提高菜农的无公害种植意识，杜绝使用国家明确规定蔬菜上禁止使用的高毒、高残留农药；二是合理使用化学农药。

①选择高效、低毒、低残留农药，严格按照农药安全使用规程施药，不随便增加浓度和施药次数。还要注意最后一次用药的日期距离蔬菜采收日期之间，应有一定的间隔天数（即安全间隔期），防止蔬菜产品中残留农药超标。

②对症下药。密切观测病虫害的发生和发展情况，选择对症农药使用，确定并掌握最佳防治时期，做到适时适量用药。使用时严格掌握用药量、配制浓度和药剂安全间隔期。提倡选用微生物农药或生化制剂，如多抗霉素、井冈霉素、农抗120、浏阳霉素、农用链霉素等。既能防病治虫，又不污染环境和毒害人畜，且对于天敌安全，害虫不产生抗药性。

③合理混配药剂。提倡不同类型、种类的农药合理交替和轮换使用，可提高药剂利用率，减少用药次数，防止病虫产生抗药性，从而降低用药量，减轻环境污染。但农药混配时要以保持原药有效成分或有增效作用，不产生剧毒并具有良好的物理性状为前提。一般各种中性农药之间可以混用；中性农药与酸性农药可以混用，酸性农药之间可以混用；碱性农药不能随便与其他农药

（包括碱性农药）混用；微生物杀虫剂（如BT. 乳剂）不能同杀菌剂及内吸性强的农药混用。否则就会影响药效的发挥，达不到防治的目的。

问题四：喷药技术掌握不当。

大部分农户在使用农药过程中，不注意喷药的时间、喷药的部位及喷药的方式等细节，致使没有充分发挥药效。

对策：一是喷药要全面。喷药时应做到不漏喷、不重喷、不漏行、不漏棵。从植株底部叶片往上喷，正反面都要喷均匀。二是喷药时要抓住重点。中心病株周围的易感植株要重点喷，植株中上部叶片易感病要重点喷。三是确定好喷药时间。一般情况下光照强、温度高、湿度大时，作物蒸腾作用、呼吸作用、光合作用较强，茎叶表面气孔张开，有利于药剂进入，另外湿度大叶表面药液干燥速度慢，药剂易吸收而增强药效。但是光照过强、温度过高易引起药剂光解或药害，因此中午前后不宜喷药。一般应于上午用药，夏天下午用药，浇水前用药，保证用药质量。

问题五：病残体处理不到位。

多数棚区的蔬菜残枝败叶堆积在道边，这样一方面造成气传病害的蔓延和再侵染，如灰霉病、霜霉病菌随风飘移；另一方面通过人脚、农事操作等传带细菌，特别是根结线虫病；同时，大多数菜农不注意或极少注意封闭棚室，各棚室之间的操作人员经常相互串走，随便进入对方棚室，给病菌、害虫的传播提供了方便、提供了媒体。

对策：一是清洁田园。将棚室的残株、烂叶、烂果和杂草清除干净，运至棚外焚烧或深埋集中进行处理，切断病虫的传播途径；二是触摸病株后要清洗双手，以防双手带菌传播；三是棚与棚之间减少串走次数。菜农在操作时，病菌会从植株上传到人身上，这样再进入其他菜棚时，就会把携带的病菌再传给新植株。所以，棚与棚之间尽量不要串走。

（三）种植管理方面

问题一：种植品种杂乱。

优良的蔬菜种类和品种是获得较好经济效益的基础，一些生产者没有掌握设施栽培的特点或没有全面了解所选蔬菜种类、品种的特性等，盲目发展，盲目选蔬菜种类、品种。有些菜农接受新品种、新技术慢，导致棚区内品种种植杂乱，不成规模。

对策：种植蔬菜品种要以市场为导向，选择当地市场受欢迎的品种。还要根据自身种植的设施类型和茬次安排确定所需的品种，冬季生产要选择耐低温、耐弱光、高产抗病、抗逆性好的品种；夏季生产要选择耐高温、抗病虫、产量高的品种等。种植前要掌握蔬菜品种的特性、栽培要点，还要与周边蔬菜基地（园区）种植模式、品种、茬次等相对一致，从而实现规模种植和统一管理、统一销售。

问题二：栽植密度大，形成旺长弱株。

温室大棚栽培，设施投入较大，往往会产生尽可能利用空间的心理，想通过增加栽植密度取得高产，加上肥水量过早过大，容易形成过密旺长弱株，造成不好坐果，或畸形果多，或果小甚至果苦等。同时，生长过旺形成茎裂、茎折等现象，如茄子等。

对策：合理密植。根据不同瓜菜特性合理定植。

问题三：定植后形不成壮根苗。

温室大棚瓜菜生产多为移栽苗，移栽后一般气温高，地温较低，栽后往往促长心切，地上部生长过旺，地下部形不成壮根，等后期植株大时，水分和养分往往供应不上，轻微时形成花少、果少、果发育不良，果小木栓化，茎裂；严重时把植株拉死造成生理死亡。

对策：栽植 30～45 天内注意壮根防旺长。

问题四：蔬菜科学管理不够。

多数菜农仅凭经验种植蔬菜，对蔬菜的生长特性和适宜环境不太熟悉，对蔬菜生长所需的温度、光、水、肥等栽培细节管理不到位，没有充分挖掘蔬菜的增产潜能。

对策：在设施蔬菜生产过程中要不断积累经验，掌握系统的栽培管理技术，了解蔬菜的生长发育特性，科学调控温、光、水、肥、气等环境条件，给蔬菜创造一个适宜的生长环境，从而获得较高的经济效益。

一是采用高垄定植、地膜覆盖栽培模式。农谚说得好："壮棵先壮根，壮根提地温"。番茄、茄子、辣椒等茄果类蔬菜属喜温作物，根系较浅，呼吸强度大，采用高垄栽培，能扩大受光面积，上层土壤温度较高、透气性好、浇水时浇沟洇垄，能增强抗旱、排涝的能力。并能在白天吸收更多热量，有利于提高地温。同时不会湿度过大，有利于茄果类蔬菜根系生长。采用起垄定植后再结合地膜覆盖，能增温保温、保水保肥、增加反光照等，是一种值得推广的栽培模式。菜农在覆盖地膜时，最好不要选用黑色地膜，因为黑色地膜除了有除草作用外，它不透光，地温升高慢。

二是浇水时小水勤浇。不论是茄果类蔬菜还是瓜类蔬菜，都不适宜大水漫灌。如果冬季棚内浇水过大，棚内湿度过高，蒸发量较大，造成棚内蒸汽较多，附在薄膜上之后，势必就会阻碍光照，影响透光性；一次性浇水过大，还会使作物的根系受到伤害，造成土壤透气性不良，降低地温，引发沤根、根腐病等根部病害。那么，浇水时浇到什么程度才合适呢？一般在浇水 6 小时后，垄全部洇湿时，浇水量才最为适宜。另外，茄果类蔬菜本身需水量小，在浇水时，一定要控制浇水次数，控制浇水量。

冬季浇水选晴天上午，不宜在傍晚，不宜在阴雪天；冬季棚内灌水温度低，放风量小，水分消耗少，因此需小水勤灌；棚内采用膜下暗灌和提倡微灌技术。这样可以有效控制棚内湿度，减轻病虫害的发生，微灌还可以减少肥料流失；冬季灌后当天要封闭棚室以迅速提高室温。地温提升后，及时放风排湿。苗期浇水后为增温保墒，应进行多次中耕。

三是平衡施肥。

①根据蔬菜生长需肥规律，适时适量平衡施肥。不少菜农在蔬菜定植缓苗后就追肥，尤其是猛追氮肥，结果造成植株徒长、不坐果等现象。有些菜农试图喷洒抑制剂解决旺长棵子不坐果现象，喷轻了不管用，而喷重了往往造成田间郁闭、果实发育缓慢现象。所以，茄果类蔬菜苗期应以控为主，一般番茄在第一穗果长到核桃大、辣椒门椒坐住、茄子门茄坐住后才可追肥，追肥时量不宜过大，每亩追 15 千克即可。

②平衡施肥。不少菜农朋友在施肥时只注重氮、磷、钾肥的施用，忽视了钙、镁等肥料的施用，尤其是在施用氮肥量过多的情况下，会抑制了植株对钙肥的吸收，造成茄果类蔬菜脐腐病、瓜类蔬菜烂头顶逐年加重。有些地区因缺镁，导致植株下部叶片变黄；缺硼易造成落花落果；缺锌和铁易造成植株顶部叶片变黄，失去营养价值，都会造成大幅度减产。所以，施肥时要做到平衡施肥，不仅施用氮、磷、钾肥，也要注重钙、镁等大量元素和锌、硼、铁等微量元素肥料的施用。如苗期主要供应氮磷肥，花期增加钙、硼肥，果实期增施钾肥。

四是合理进行环境调控。冬暖大棚环境调控很重要，应从以下几个方面综合进行。

①温度调控。菜农应充分了解所种作物的生物学特性，按其特性进行管理。尤其在温度管理方面，倘若不了解作物所需的温度，一概而论，肯定不会获得高产。如苦瓜、豇豆等属于高温作物，这些作物在开花坐果期要求白天温度在 30 ~ 35℃，最低温度不能低于 28℃，如果温度达不到，产量将会大幅度降低；茄果类蔬菜要求的温度则相对低一些。番茄白天温度 24 ~ 26℃，前半夜 15 ~ 17℃，后半夜 10 ~ 12℃生长发育较好；黄瓜白天温

度25～28℃，前半夜16～18℃，后半夜12～13℃生长发育较好。管理上要区别对待，千万不可照葫芦画瓢。

②适时揭、盖草苫。在温度不会严重降低时，适当早揭晚盖草苫，最好配备卷帘机。日出揭开草苫，如外界温度过低，可把温室前部1～1.5米草苫先揭开，温度升高后再全揭开，使蔬菜充分接受光照。

③阴天也要拉草苫。在阴天时，只要温度不太冷，尤其是连阴天，需把草苫揭开接受散射光，但可以缩短光照时间。

④挖防寒沟。冬季气温较低，于棚前脚1米处挖一道东西向、与大棚等长、半米宽、与当地冻土层一样深的防寒沟，在沟内先铺上一层薄膜，然后再塞满干秸秆，这样就能起到很好的保温效果。

⑤适时放风。一般在中午温度超过蔬菜生长温度时放风，如番茄、黄瓜在28℃时放风。在冬季低温时期，晴天即使温度没有达到也要通风；阴天适当通风排湿，有利于升温和防病。中午风口关团早，盖草苫前1小时左右适当放风。

⑥经常打扫棚膜。要经常打扫和清洁棚膜外表面的灰尘和积雪，内表面的水滴，可以提高透光率5%～15%；要注意蔬菜的合理密植，及进清除植株下部的老叶，增加空气流通，促使温度均匀。

⑦连阴天骤转晴后“回苫喷水”。连阴天骤转晴后按平常晴天揭开草苫，由于地温低，根系吸水困难造成棚内蔬菜闪秧死棵。那么，可采用“揭花苫、喷温水”的措施来防蔬菜闪秧，即：揭草苫时不要全棚揭开，而是隔一床揭开一床。揭开草苫相对应的蔬菜会受到直射强光照，一般在拉开草苫10～15分钟后就会出现萎蔫，及时往植株上喷洒20℃左右的温水，然后再放下草苫，重新揭开第一遍没有揭开的草苫，让没有接受强光照的蔬菜也接受强光照，用同样喷温水的方法促其恢复正常生长，如

此反复进行几遍，棚内的地温如果达到了20℃，蔬菜见到强光后就不会再出现萎蔫症状，可以全部揭开草苫。第二天恢复正常管理。

五是不要过分依赖激素。在蔬菜栽培管理中，应从水、肥、气、热等方面加以调节，来促进作物营养生长与生殖生长协调，不要一味地依赖激素控制。如果在作物上长期使用激素的话，极易导致作物早衰。所以在蔬菜栽培管理中，应从根本上调控植株长势，才能获得良好的效果。我们可以从深翻土壤，改善土壤透气性方面入手，把操作行用铁锹翻5～7厘米，再撒入少量化肥和微量元素，再趁此遛一小水，7天后就可看见很多根扎入土壤中，15天后植株即可恢复正常生长，这样做增加了营养面积，土壤透气了，根也就生长了，能解决植株早衰问题。

（四）连作障碍

问题：蔬菜连作障碍是指同种蔬菜在同一地块上连续栽培，即使进行常规肥水管理，也会引起植物生育不良、产量下降、品质变劣的现象。

①病虫害加重。设施连作后，由于其土壤理化性质以及光照、温湿度、气体的变化，一些有益微生物（铵化菌、硝化菌等）生长受到抑制，而一些有害微生物迅速得到繁殖，土壤微生物的自然平衡遭到破坏，这样不仅导致肥料分解过程的障碍，而且病虫害发生多、蔓延快，且逐年加重，特别是一些常见的叶霉病、灰霉病、霜霉病、根腐病、枯萎病和白粉虱、蚜虫、斑潜蝇等基本无越冬现象，从而使生产者只能靠加大药量和频繁用药来控制，造成对环境和农产品的严重污染。

②土壤次生盐渍化及酸化。设施栽培施药量大，加上常年覆盖改变了自然状态下的水分平衡，土壤长期得不到雨水充分淋浇。再加上温度较高、土壤水分蒸发量大，下层土壤中的肥料和其他盐分会随着深层土壤水分的蒸发，沿土壤毛细管上升，最终

在土壤表面形成一薄层白色盐分即土壤次生盐渍化现象。同时由于过量施用化学肥料，有机肥施用又偏少，土壤的缓冲能力和离子平衡能力遭到破坏而导致土壤 pH 值下降，即土壤酸化现象。造成土壤溶液浓度增加使土壤的渗透势加大，农作物种子的发芽、根系的吸水吸肥均不能正常进行。

③植物自毒物质的积累。这是一种发生在种内的生长抑制作用，连作条件下土壤生态环境对植物生长有很大的影响，尤其是植物残体与病原物的代谢产物对植物有致毒作用，并连同植物根系分泌的自毒物质一起影响植株代谢，最后导致自毒作用的发生。

④元素平衡破坏。由于蔬菜对土壤养分吸收的选择性，某些元素过度缺乏，而某些元素又过多剩余积累，单一茬口易使土壤中矿质元素的平衡状态遭到破坏。营养元素之间的颉颃作用常影响到蔬菜对某些元素的吸收，容易出现缺素症状，最终使生育受阻，产量和品质下降。

对策：

一是应用秸秆生物反应堆技术。秸秆在微生物菌种净化剂等作用下，定向转化成植物生长所需的二氧化碳，热量抗病孢子、酶、有机和无机养料，在反应堆种植层内，20 厘米耕作层土壤孔隙度提高一倍以上，有益微生物群体增多，水、肥、气、热适中，对大棚蔬菜地土壤连作障害有治本的作用。

二是增施有机肥。有机肥养分全面，对土壤酸碱度、盐分、耕性、缓冲性有调节作用。

①大棚蔬菜地每季施优质农家肥每亩 30 立方米为宜。

②采用秸秆覆盖还田、沤肥还田技术，可起到改土、保湿、保墒作用。

③施用含有机质 30% 以上的商品生物有机复合肥每亩 150～200千克。因其养分配比合理，又含有较多的有机质成分，

可满足蔬菜营养生长期对养分的需求。而后追施氮、钾冲施肥即可。

三是平衡施肥。化肥施用不合理，尤其是氮肥施用过多，是连作蔬菜大棚土壤障害的主导因素。因此平衡施肥是大棚蔬菜生产、高产、优质、高效的关键措施。

①氮磷钾合理施用。总的原则是控氮、稳磷、增钾。一般块根、块茎类蔬菜以磷钾肥为主，配施氮肥；叶菜类以氮肥为主，适施磷钾肥；瓜果类蔬菜以氮钾肥为主，配施磷肥。施用上氮肥、钾肥50%作基肥，磷肥100%作基肥。基肥应全层施用与土壤充分混匀，追肥则结合灌溉进行冲施或埋施。

②可适量施用高效速溶微肥和生物肥料，以防止缺素症的发生。

③根据作物生长不同时期养分需求规律，结合灌水补施相应的冲施肥。

四是合理轮作倒茬。利用不同蔬菜作物对养分需求和病虫害抗性的差异，进行合理的轮作和间、混、套作，也可以减轻土壤障害和土传病害的发生。

五是深翻消毒。深翻可以增加土壤耕作层，破除土壤板结，提高土壤通透性，改善土壤理化性状，消除土壤连作障害。结合深翻整地用棉隆颗粒剂进行化学消毒，也可有效减轻连作障害的发生。

六是调节土壤 pH 值。蔬菜连作引起土壤酸化是一种普遍现象，每年对棚内土壤要作一次 pH 值检测，当 pH 值≤5.50 时，翻地时每亩可施用石灰 50~100 千克，与土壤充分混匀，这样不但可提高 pH 值，还对土壤病菌有杀灭作用。

二、个性问题

（一）温室黄瓜生产中存在的问题与对策

问题一：品种选用不当。

选品种时没有按栽培季节合理选择耐低温、耐弱光和抗性强的适宜品种。

对策：选用高产，优质，耐低温、耐弱光、抗病品种。要依据生产条件选择适宜品种。如津春 3 号、津春 4 号、津绿 3 号、甘丰 11 号、津优 2 号等品种具有坐果节位低，早期产量高、瓜条直、瓜把短、商品性能好和抗霜霉病、白粉病、灰霉病等特点，适应秋冬茬、早春茬栽培。

问题二：土壤肥力低，施肥不合理。

对于新建温室来说，由于大多数农户在打建温室过程中为了省时省工，将耕层熟土全部用于打建墙体，使得温室土壤肥力降低，土质坚硬僵化，有机质含量低，氮、磷、钾比例失调，与当季黄瓜生产所需肥力相差甚远。另外，有的菜农在施肥上施用未充分腐熟的有机肥，由于温室内温度较高，未经发酵的有机肥施入后迅速分解挥发，释放出的氨、二氧化硫等有毒气体不能及时排出，对黄瓜生长造成影响。再加上施肥的不合理性，致使土壤盐泽化，促使黄瓜生理性病害如黄瓜花打顶、化瓜、畸形瓜、苦味瓜等加剧，黄瓜产量品质下降。

对策：

一是增施腐熟有机肥、培肥地力。有机肥丰富的有机质能改善土壤理化性质，提高土壤保肥供肥能力。因此，为了获取高产、优质、高效的黄瓜，菜农在施基肥时应以充分腐熟的有机肥为主，并施入一定量的化学肥料、结合翻地，可以提高土壤肥力，改善土壤结构，活化土壤，增加黄瓜根系吸收水分和养分的能力。

二是化学肥料平衡施用。黄瓜是陆续采收的蔬菜，生长期长，需肥量大，要获得高产单靠基肥远远满足不了需要，必须少量多次平衡追肥，以增强黄瓜对病虫害以及恶劣天气的抵抗力。一般在根瓜收后结合灌水开始第一次追肥，每次亩追尿素 10 千克。磷酸二氢钾5千克，此后每浇水2~3次追肥1次。并结合根外追肥，一般在结果盛期每隔7~10天叶面喷磷酸二氢钾或喷施宝1次。

问题三：浇水不及时，浇水方法不当。

温室黄瓜适宜在土壤温度相对较大，空气湿度相对较小的环境里生长。但目前生产上，一部分温室由于滴灌设施不配套而采用膜外浇水，大水漫灌，造成温室内空气湿度居高不下，长时间在85%以上，黄瓜叶片、叶柄、茎蔓、花上常形成水膜或水滴，既影响呼吸，又为病菌孢子萌发侵染创造了十分有利的条件。

对策：合理灌水。

温室黄瓜灌水要合理适时，先应浇足底墒水，浇好定植水，根瓜采收前一般不浇水，要蹲苗，根瓜采收后应及时浇水，应注意1次浇水不宜太多。应少量多次。秋冬茬黄瓜一般10~15天浇1次水，每次每亩15立方米左右。早春随外界气温的回升和光照时间的延长，需水量不断增大，应缩短浇水时间，7~10天浇1次水，亩灌水量增加1倍达到30立方米左右。浇水最好选晴天上午特别是严冬和早春，不但灌水当天为晴天，而且要连晴几天，一定要在浇水前1周将外界井水引到蓄水池蓄热升温，水温保持在15℃以上，不低于10℃。灌溉方式最好采用滴灌，膜下暗灌，切忌大水漫灌，总之，温室黄瓜浇水要根据天气、地墒、苗情灵活掌握，适时调整，既要保证水分充足供应，又要避免因浇水不当而使地温骤降，空气温度增大，导致病害的发生。

问题四：病虫害防治不及时。日光温室生产时间长，多处于低温高湿或高温高湿的环境，诱发各种病害的发生和流行，因而病虫害发生较露地早、为害重，种类多，而大部分农产对日光温室病虫害的发生规律和特点不掌握。

对策：落实病虫害的综合防治措施。温室黄瓜主要病害有霜霉病、灰霉病、疫病、根腐病及细菌性角斑病和苗期猝倒病，虫害有蚜虫、白粉虱、美洲斑潜蝇等。在病害防治上本着“预防为主，治早治少，综合防治”的原则，采取综合措施。

选用抗病新品种，并作种子消毒，加强栽培管理，及时清洁棚内环境，合理浇水施肥。猝倒病可用72.20%普克水剂400倍液或20%甲基立枯磷1 200倍液浇施；灰霉病用50%速克灵可湿性粉剂1 000～1 500倍液或40%施佳乐可湿性粉剂800～1 200倍液防治。霜霉病可用72%锰锌霜脲可湿性粉剂600～750倍液防治。

（二）早春茬大棚西瓜生产中存在的问题与对策

问题一：种植品种单一，西瓜价格悬殊。生产中主栽品种为京欣1、京欣2号，特色品种少。

对策：注意引进新、特、优品种，实行品牌战略。

在大面积种植京欣1号的同时，可适当引进小型、黑皮、黄瓤、无籽、特味西瓜品种，如特小凤、红小玉、蜜黄1号、黑美人、荆杂512奶味西瓜等。随着种植面积的扩大，产量增长速度较快，而以降低价格来促进消费必然会影响瓜农的经济利益。所以，必须统一包装、统一标识，注重品质，树立好品牌形象，增强市场竞争力，使种植面积再上新台阶。

问题二：保温措施少，前期温度低。每年4月底5月初，早春大棚西瓜开始上市，而早春露地地膜覆盖西瓜5月下旬上市，上市时间集中，从而影响了大棚西瓜的经济利益。

对策：采用多层覆盖，提高前期温度。

在塑料大棚内，推行用银灰色双面膜做地膜，上扣小拱棚，傍晚加盖草苫，然后再加盖1～2层塑料膜做天棚，有良好的增温、保温效果。使用银灰色双面膜做地膜，还能起到防病、防蚜虫、防白粉虱的效果。

问题三：结瓜率低，坐瓜节位高且不整齐。

对策：降低坐瓜节位，提高坐瓜率，确保一蔓一瓜是提高前期产量、增加经济效益的关键。

①中小型西瓜品种应改爬地栽培为吊蔓栽培，提高种植密度，是获得高产、高效的前提条件。京欣1号为早熟品种，果实发育期为28～30天，单瓜重3～4千克，生产上一般为2～3千克，适合吊蔓栽培。大棚吊蔓栽培，行距130厘米，株距45厘米，每畦双行栽植，每亩栽1 200～2 000株，灌水易引起土壤降温，棚内空气湿度大，病害流行，可在地膜覆盖的畦埂上设上宽30厘米、下宽15厘米、深15厘米的沟，实行膜下暗灌。

②人工授粉，提高坐瓜率，保证坐瓜整齐一致。去掉第一雌花，从第二雌花开始授粉。早晨7：00～9：30，采摘开放的雄花涂抹雌花，一朵雄花可涂抹2～3朵雌花。若遇低温降雨天气，可喷洒坐果灵提高坐瓜率，也可在授粉前3天用0.15千克硼砂、0.15千克磷酸二氢钾混合对水100千克叶面喷施，也能提高坐瓜率。授粉时间注意：授粉量大且均匀，保证西瓜瓜形圆正，每株授粉2个雌花，以利于选择定瓜。一般为一蔓一瓜，及早去除病瓜、畸形瓜，定瓜后，在坐瓜节位上2～3片叶摘心。

问题四：品质差，尤其是嫁接西瓜，瓜瓤松软，甜度不够，口感差。

对策：运用综合措施，提高西瓜品质。

①选用葫芦或瓠瓜做砧木，忌用黑籽南瓜，以保持西瓜的原有风味。

②重施腐熟有机肥，增施磷钾肥，提高含糖量。基肥每亩施充分腐熟的鸡粪、猪粪或土杂肥2 000千克，饼肥50千克，硝酸磷肥40千克，硫酸钾20千克，充分混合，一半撒施地表，深耕施入，一半结合整地，作畦施入。定植时，每亩穴施饼肥20千克、草木灰5千克。80%的西瓜鸡蛋大小时，施三元复合肥15千克。结瓜期可用0.3%磷酸二氢钾结合喷药进行叶面喷施，每7～10天1次，连喷2～3次。施肥结合暗沟灌水进行，采收前

10 天必须停水。

③严格控制棚内温度，保持 10℃的昼夜温差。一般坐瓜期白天温度保持在 25～28℃，不高于 32℃，夜间温度保持在 15℃左右。

④采用塑料袋套瓜，提高西瓜商品性。定瓜后，喷 800 倍液退菌灵消除果面病菌，然后依品种、单瓜重选择大小合适的白色塑料袋套瓜，用回形针别住袋口，并结合吊瓜将上端固定到铅丝防止下滑。减少虫瓜率和病瓜率，显著减少药物残留，瓜面光洁鲜亮，有效提高果品商品性，增加经济效益。

⑤采用综合措施防治病虫害，积极在大棚内推广使用粉尘剂，禁止使用剧毒、高残留农药。应树立预防为主，治病为辅的思想，克服“无病不离，小病不治，大病重治”的错误做法。大棚内使用粉尘剂喷粉法较喷雾法省时、省工、高效，且不会因喷雾造成湿度过大而导致的病害流行。西瓜在嫁接的情况下，主要病害为炭疽病、白粉病，虫害有蚜虫、白粉虱、根结线虫、根蛆等。西瓜炭疽病、白粉病可用 5% 百菌清粉尘剂、绿亨 1 号、绿亨 2 号等交替施用。蚜虫、白粉虱可用 5% 灭蚜粉、乐果等交替使用。

(三）早春大棚番茄生产中存在的问题及对策

问题一：施肥不当。

有些地块底肥施用数量少，不能为生长发育提供足够的养分供应，土壤肥力逐年下降。施用追肥时氮肥偏多，钾肥不足，在果实膨大期追肥不及时，造成果实个小、品质差和易感病虫害。

对策：科学追肥。

当第一穗果长到 3 厘米大小时（核桃大小）要及时追肥。番茄在果实膨大期吸收氮、磷、钾肥料比例为 1：0.3：1.8，所以，追肥应本着氮、磷、钾肥配合施用和“少吃多餐”的原则，每亩每次追施三元复合肥 20～25 千克加硫酸钾 5 千克，或随水冲施含量40%以上的液体肥10～15千克，尤其要重视钾肥的施用比例，以提高品质和防止筋腐病的发生。以后每穗果长到核桃大小时都要追肥一次，在拉秧前30天停止追肥。生长期间叶面喷肥3～5次，以快速补充营养，可采用0.3%浓度的磷酸二氢钾加0.5%浓度的尿素混合喷施，也可选用其他效果好的有机液体肥，要避开中午光照强时和露水未干时喷施，并尽量喷在叶背面以利于吸收。

通风和二氧化碳施肥。生长期间及时通风换气，外界气温较低时，通过多层覆盖来提高室温，确保番茄正常生长；当最低气温达15℃时夜间可不关风口，采用棚顶留顶缝的扣膜方式，在温度高时有利于降温。

问题二：幼苗不健壮，田间管理不科学。

由于幼苗生长环境差，尤其是营养少、透气性不好，温度过高或过低，致使幼苗长势弱、根系发育不好，没有为高产、高效打下良好的基础。在棚室的温度、湿度、光照等环境条件调节和浇水、通风、喷花等方面差距大，造成病虫害发生，畸形果比例大、品质差、产量低。

对策：科学管理，促弱转壮。

合理浇水。浇水原则是前期不浇水，坐果后要均匀浇水。待第一穗果长至3厘米大小时开始浇水，采用膜下滴灌或暗灌的方式。果实膨大期间要保证水分供应，以“小水勤浇”的方式浇水，不要过分干旱和大水漫灌。一般每7～10天浇水1次，结果期维持土壤最大持水量60%～80%为宜，以防止出现裂果和植株早衰。

采用吊蔓整枝措施。采用塑料绳吊蔓或竹竿搭架来固定植株。宜采用银灰色的塑料绳，有趋避蚜虫的作用；插架时不宜插人字架，应插成直立架。定植后的侧枝在长至7.5厘米长时打去，以后要及时去除侧枝和下部的老叶、黄叶。采用吊蔓方式的要及时顺时针方向绕蔓；插架方式的，进入开花期进行第一次绑蔓，绑蔓部位在花穗之下。绑蔓时注意将花序朝向走道的方向。每株留 4 ~6 穗果，长至预定果穗时摘去顶尖，最上部果穗的上面留 2 ~3 片叶。

问题三：密度不合理。

种植密度过密或过稀，还有些地块行距过小，不利于植株通风透光和田间操作，致使长势弱，易感染病害，产量低。

对策：调节温、湿度和光照。

①定植到缓苗期：应以升温保温为主，定植后闷棚一周左右，使棚温尽量提高，白天保持在 30℃左右，温度达 32℃以上时可短时间通风，夜间在 15 ~18℃。

②蹲苗期：缓苗后要有明显的蹲苗过程，进行中耕松土，促进根系生长。调节适宜的温度，白天适宜温度在 25℃左右，夜间在 13 ~15℃，具体蹲苗时间应根据苗的长势和地力因素来决定，一般在 10 ~15 天。要控制浇水、追肥，保持室内空气湿度在 40% ~50% 。尽量多增加光照。

③开花期：白天生长适温为 20 ~28℃，夜间为 15 ~20℃，保持室内空气湿度在 60% ~70% 。

④结果采收期：白天 24 ~30℃，夜间 15 ~18℃；保持室内空气湿度在 50% ~60%；5 月下旬以后，晴天中午 11：00 ~ 15：00时在棚顶覆盖遮阳网，以降温和避免光照太强而晒伤果实。

⑤喷花疏果：在开花适期采用“丰产剂二号”或“果霉宁”喷花（或沾花），在不同室温条件下配制不同的浓度，并加入红颜色做标记，避免重喷或漏喷；不要喷到生长点和叶片上，以免造成药害；坐住果后及时疏去多余果实，去掉畸形和偏小的果实，每穗选留果形发育好且生长整齐的果实 4 个左右。

问题四：病虫害防治不及时。有些地块因晚疫病、叶霉病、白粉虱、棉铃虫和根结线虫等病虫害的为害而造成减产。

对策：病虫害防治。按照“预防为主，综合防治”的植保方针，坚持以“农业防治、物理防治、生物防治为主，化学防治为辅”的原则。不使用国家明令禁止的农药。

晚疫病：应避免低温高湿的生长环境。发病初期用72.2%普力克水剂600倍液，或用72%杜邦克露500倍液喷雾防治；灰霉病：覆盖地膜，降低棚内湿度，合理密植，及时清除病果、病叶。用50%农利灵可湿性粉剂1 000倍液或50%扑海因可湿性粉剂600~800倍液等药剂喷雾防治；叶霉病：应采用降低湿度，合理密植等农业防治方法来预防，发病初期用10%世高水分散粒剂8 000倍液，或用40%福星乳油8 000倍液或50%翠贝水分散颗粒剂3 000倍液喷雾防治；白粉虱：采用黄板诱杀和安装防虫网的方法来减少虫量，在早晨露水未干时喷施生物农药“生物肥皂”50~100倍液或5%天然除虫菊1 000倍液喷雾；可选用25%扑虱灵可湿性粉剂1 500倍液加2.5%天王星乳油3 000倍液混合喷雾；蚜虫：采用生物农药5%天然除虫菊1 000倍液或50%抗蚜威可湿性粉剂2 500~3 000倍液或10%吡虫啉1 000倍液喷雾防治。

主要参考文献

[1] 张绍文主编．蔬菜与食用菌栽培．郑州：中原农民出版社，1999

[2] 沈阳农学院主编．蔬菜昆虫学．北京：农业出版社，1980

[3] 华中农业大学主编．蔬菜病理学．北京：农业出版社，1997

[4] 路水先等主编．葱蒜类蔬菜栽培高产技术．北京：中国农业科技出版社，1997

[5] 高丁石等主编．18 种作物栽培技术要点及病虫害防治历．北京：中国农业出版社，2003

[6] 尚庆茂等主编．蔬菜集约化高效育苗技术．北京：中国物资出版社，2010

[7] 卢中民等主编．农作物集约化模式栽培实用指导．北京：中国农业科学技术出版社，2009

[8] 游彩霞，高丁石主编．新农药与农作物病虫草害综合防治．北京：中国农业出版社，2010